建筑施工易发群发事故防控要点 100 条

杨一伟　主编

中国建筑工业出版社

图书在版编目（CIP）数据

建筑施工易发群发事故防控要点 100 条/杨一伟主编
. —北京：中国建筑工业出版社，2022.8（2023.12 重印）
ISBN 978-7-112-27635-6

Ⅰ．①建…　Ⅱ．①杨…　Ⅲ．①建筑工程—安全事故—
事故预防　Ⅳ．①TU714

中国版本图书馆 CIP 数据核字（2022）第 128487 号

本书结合工作实际，吸收一线施工人员在易发群发事故管控工作中的点滴智慧和创新积累，总结和归纳了大量施工企业安全管控做法和当前建筑行业安全管理先进经验。

全书内容共 10 章，包括：建筑基坑安全管理、模板支架安全管理、高处作业安全管理、施工升降机安全管理、塔式起重机安全管理、起重吊装安全管理、附着式升降脚手架安全管理、高处作业吊篮安全管理、施工临时用电安全技术管理、建筑施工防火安全管理。

可供建设、施工、监理单位管理人员及广大施工人员参考。

责任编辑：范业庶
文字编辑：沈文帅
责任校对：张惠雯

建筑施工易发群发事故防控要点 100 条

杨一伟　主编

＊

中国建筑工业出版社出版、发行（北京海淀三里河路 9 号）
各地新华书店、建筑书店经销
北京科地亚盟排版公司制版
北京中科印刷有限公司印刷

＊

开本：787 毫米×1092 毫米　1/16　印张：7¾　字数：183 千字
2022 年 9 月第一版　2023 年 12 月第四次印刷
定价：**78.00** 元
ISBN 978-7-112-27635-6
（39683）

作者简介

　　杨一伟，1970 年生，教授级高级工程师，济南市工程质量与安全中心副主任，住房和城乡建设部干部学院、全国市长研修学院安全专家，省会统一战线专家智库成员，山东省应急管理专家，济南市政协委员，民革济南市委委员。主编《建筑施工企业安全生产风险分级管控和隐患排查治理体系建设指导手册》、《塔式起重机安全标识牌应用指南》、《登高架设作业》、《建筑工人安全常识问答》、《建筑安全文明施工图集》（上、下）、《建筑施工安全事故警示录》、《轨道交通工程安全文明施工标准化图册》、《山东省建筑施工安全资料管理规程》等多部著作。参编《建筑施工安全防护设施》、《建筑施工承插型轮扣式模板支架安全技术规程》、《山东省建筑施工直插盘销式模板支架安全技术规范》等规范标准。在《建筑安全》、《施工技术》等刊物上发表论文 20 余篇。

编写委员会

主　　编：杨一伟

副 主 编：杨玉斌　李文晓　平振华　孙立波　侯仰志

参编人员：刘海东　韦安磊　蒲　锰　韩　健　王　刚　杨守波
　　　　　黄金水　王声春　陈　浩　彭敖祥　赵云蕾　陈前钟
　　　　　温佐华　牛其山　赵　璐　徐祗昶　刘振亮　明宪永
　　　　　鲍庆振　梁志玉　王欲秋　张　兴　杨雪洁　王　頔
　　　　　李秀军　徐怀彬　吕东军　亓文红　陈生田　李　延
　　　　　孙　红　李宗才　曲守丰　王　忆　杨允凤　徐　彦
　　　　　高桂泰　武兴宇　陈寒北　余　荣　贾锋昌　潘　明
　　　　　梅　莉　历　非　冀留欣　乔海洋　邢凤永　栾振鹏
　　　　　杨允跃　端木庆涛　王　静　李桓宇　李永明　杨雷平
　　　　　冷　涛　陈欣乐　刘吉翔　陈义君　李洪竹　张祥柱
　　　　　陈云涛　宋　勇　辛　涛　孙　鹏　王庆明　王孝波
　　　　　杨位珂　孟祥林　李妍鹏　马奇文　侯光昕　岳喜政
　　　　　王　磊　胡　岳　胡义铭　田志鹏　王宝峰　李　耀

4

刘　倩　姜海燕　　林龙飞　潘云华　胡艳奔　李学文

刘海玲　卢　丹　　赵红旭　李庆栋　赵倩倩　白承鑫

杨允龙　邢凤宝　　单金伟　潘梦石　苏宗玉　程晨曦

贾　茹

参编单位：赤峰添柱建筑工程有限公司

山东慧安注册安全工程师事务所有限公司

中铁十四局集团建筑工程有限公司

龙口市城乡建设事务服务中心

潍坊昌大建设集团有限公司

北京天元鸿鼎管理咨询有限公司

中建八局第一建设有限公司

陕西华山建设集团有限公司

天元建设集团有限公司

中泰安全技术（山东）有限公司

北京中城建业技术培训中心

国泰新点软件股份有限公司

前　言

敬畏生命、敬畏职责、敬畏规章，是建筑施工易发群发事故防控的灵魂；让工友能安全回家，是对生命最高的敬畏，是对职责最深刻的阐述。

当前建筑施工安全形势依然严峻复杂，建筑施工事故总量较大，易发事故屡禁不止，群死群伤事故时有发生，与人民群众期待存在不小差距。

每一个宝贵生命的离去，都是一个家庭痛苦生活的开始。纵观这些夺走无数生命的事故，有几起不是违章指挥、违章作业酿成的恶果呢？有几起不是对我们漠视生命、追求一时利益的惩戒呢？

事故的教训是惨痛的，在我们接受事实教训的同时，更应该思考一下：为什么建筑施工安全工作年年抓，还会发生悲惨的事故呢？难道事故不可避免吗？

其实，实现安全生产并不是绝非可能的。工作中，只要我们牢固树立"先安全后生产，不安全坚决不生产"的思想，安全生产就不难实现。

古人云：以铜为镜可以正衣冠，以史为镜可以知兴衰，以人为镜可以明得失。同样，以事故案例为镜，可以知道哪些是正确的行为，哪些是错误的行为，事故的原因是什么，如何才能使我们少犯错误，避免易发群发事故的发生。

建筑施工安全工作任重道远，需要形成企业、社会、政府共建共治共享的格局，需要借助各方有识之士的聪明才智，需要积极培育和大力宣传安全文化。安全隐患警示教育，有利于建筑施工人员熟知安全职责，内化于心、外化于行，是防范易发群发事故再次发生的重要方法。

为了减少建筑施工易发事故发生，坚决遏制建筑施工群死群伤事故，作者结合工作实际，吸收了一线施工人员在易发群发事故管控工作中的点滴智慧和创新积累，总结大量施工企业安全管控做法，归纳当前建筑行业安全管理先进经验，撰写了本书。

本书内容丰富，包含了建筑基坑、模板支架、高处作业、施工升降机、塔式起重机、吊装作业、高处作业、附着式升降脚手架、施工用电、建筑施工防火等 10 个方面的内容。本书内容精炼，言简意赅，具有很强的实用性、指导性。

企业标准可以高于地方标准，地方标准可以高于国家标准。该书部分内容的有关要求，高于当前建筑施工安全标准、规范和规程的规定，站在了行业管理的最前沿，具有一定的超前性，更适用于对安全管控要求较高的建筑施工企业，请读者根据实际情况借鉴和采用。

　　本书可供建设、施工、监理单位领导、管理人员及广大施工人员阅读，也可作为大专院校建筑工程、工程管理及相关安全管理专业的教材。

　　由于时间紧促，加之作者水平有限，难免有错误和欠妥之处，还恳请读者给予批评和指正，意见和建议可发送至邮箱 841117378@ qq. com。

目　录

第1章

建筑基坑安全管理

第1.1条	编制专项施工方案与组织专家论证

　　基坑工程必须严格按照规定编制、审核专项施工方案，深度超过3m（含3m）的基坑必须委托具有相应岩土工程勘察资质的单位进行专项设计；深度超过5m（含5m）或深度虽未超过5m，但地质条件和周边环境条件复杂的基坑，其专项设计和专项施工方案必须进行专家论证，并开展基坑监测

深基坑

专项施工方案

专家论证

基坑监测

第1.2条	严禁无资质、超资质承接工程

　　基坑工程施工专业承包单位应同时具备相应的地基基础工程专业承包资质和安全生产许可证，严禁无资质或超资质从事基坑工程施工，严禁违法发包、分包、转包及挂靠等行为

1

地基基础专业承包资质证书

安全生产许可证

相关法律条文（一）

相关法律条文（二）

第1.3条	施工前需核实周边环境

　　基坑工程施工专业承包单位在施工前，应核实施工现场及基坑开挖和降水影响范围内的建（构）筑物、地下管线和道路的基本情况，如与设计条件不符，应由建设单位及时通知基坑支护设计单位进行设计变更；应严格按照经审批或通过专家论证的设计图纸和专项施工方案进行施工，严禁擅自变更专家论证后的方案进行施工；监理单位应编制深基坑安全监理实施细则，对基坑工程施工进行专项监理

调查基坑周边管线情况

调查基坑周边建（构）筑物
基本情况，取得监测初始值

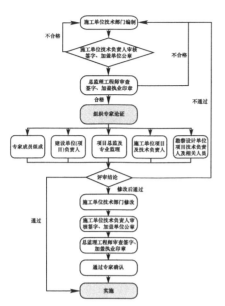

超过一定规模的危险性较大的分部分项工程
专项施工方案的编制、审查、论证流程图

不按专家论证后的设计图纸
施工造成的事故

第1.4条	基坑严禁超挖土方

　　基坑土方开挖应分层分段、先撑后挖,严禁超前、超深开挖,下层土方开挖严禁碰撞上层支护结构,放坡坡率及挖土深度应严格按照设计要求执行;对采用预应力锚索的支护结构,应在锚索施加预应力后,方可下挖土方;对土钉墙、复合土钉墙及喷锚支护,应在土钉、锚杆、混凝土面层等构件的强度达到设计要求的强度后方可下挖土方

超挖导致的坍塌

锚索尚未张拉锁定违规下挖

分层开挖，分层施工

未分层开挖土体

第1.5条	基坑边严禁超载，做好临边防护

基坑周边应设置限载警示标牌，并做好临边防护，严禁超载；出土坡道处应有安全支护措施

临边防护、限载牌

警示标牌

基坑临边防护

坡道两侧土体支护

第1.6条	做好基坑的截排水工作

施工总承包单位应在基坑坡顶设置挡水台,基坑顶部应按照设计要求进行地面硬化,严禁地表水渗入、冲刷基坑坡体;应做好地下管线防渗漏、洗车台防渗、雨期防汛等应急措施;降雨过程中应加强巡视,及时截水疏导,排除积水;基坑底部应设排水沟和集水坑

坑顶部无挡水台,雨水冲刷坡体造成坍塌

基坑底部无排水沟和集水坑导致坡脚坍塌

基坑顶部地面硬化并设挡
水台、护栏及限载标识

基坑底部设置排水沟

第1.7条	加强基坑监测

建设单位必须委托同时具有相应岩土工程设计资质和工程测量资质的单位按照规定开展基坑工程监测工作;监测单位应确保数据真实、准确、可靠,及时提交监测资料并提供监测结论;出现危险征兆时,应及时预警;停工期间监测单位应继续进行监测;灾害性天气发生时,应当加密监测频率;基坑工程施工专业承包单位、工程总承包单位应配备专职安全员进行现场监督,并指定专人在基坑支护施工和使用过程中,每天对基坑周边进行安全巡视

基坑沉降监测

基坑安全巡视及仪器监测

及时整理监测数据，并保证准确性

监测点标识

第1.8条	危险源辨识及应急措施

基坑工程施工专业承包单位必须对基坑工程进行危险源辨识，编制有针对性的应急预案；若出现开裂、塌方等险情时，必须立即停止作业，将作业人员撤离危险区域，不得冒险作业，并针对现场实际情况按照应急预案采取相应的应急措施，基坑满足安全要求前严禁恢复施工

基坑坍塌（一）

基坑坍塌（二）

混凝土支撑失效

基坑顶地表开裂

积水泡槽

渗水涌沙

威胁周围环境安全

钢支撑失稳

补救措施：削坡减载

补救措施：堆载反压

补救措施：排水与堆载反压

补救措施：微型桩加固

第1.9条	基坑鉴定与加固

　　基坑工程施工专业承包单位应按基坑支护设计要求进行基坑工程检测，并按有关规定组织基坑验收，若基坑超出设计使用期限，应及时对其安全性进行评估鉴定，经鉴定需加固的，按规定采取相应措施，不得在未采取措施的情况下超期使用

锚索（杆）、土钉承载力检测

低应变检测

喷混凝土厚度检测

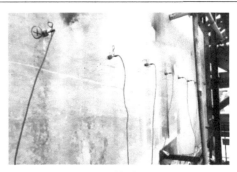

内支撑检测

支护桩取芯

截水帷幕取芯

基坑验收（一）

基坑验收（二）

第1.10条	基坑验收与回填

　　基坑开挖至坑底验收后，施工总承包单位应及时进行地下结构施工，具备条件后，地下结构外墙与基坑侧壁间应严格按照规范或设计要求的质量及时回填；按要求需拆除支护结构的，未达到支护设计规定的拆除条件时，严禁拆除

基坑开挖到底后及时进行地下结构施工

地下结构与基坑侧壁之间肥槽回填

基坑回填至相应标高后进行锚索回收

内支撑拆除不当引发事故

第2章

模板支架安全管理

第 2.1 条	编制专项施工方案与组织专家论证

模板支架宜采用承插型盘扣式模板支架，模板支架应编制专项施工方案，超过一定规模的应组织专家论证。方案附图应包括平面图、立面图、剖面图、局部详图、立杆定位图、剪刀撑布置图、浇筑顺序图、拆除顺序图、变形监测图等，复杂工程宜增加模板支架的 BIM 模型图

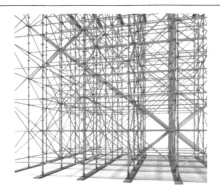

宜采用承插型盘扣式模板支架

编制专项施工方案

超过一定规模的组织专家论证

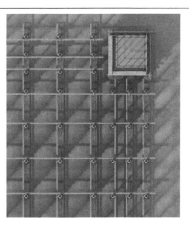

模板支架平面布置

11

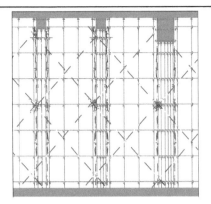

变形监测

模板支架立面布置

模板支架坍塌事故

复杂工程增加模板支架的 BIM 模型图

第2.2 条	模板支架必须拉结牢固

模板支架搭设前,应根据立杆定位图进行立杆定位。模板支架纵横向水平杆端部必须与墙柱梁顶紧顶牢、拉紧拉牢。模板支架必须在支架的四周和中部与结构柱进行刚性连接,拉结点水平间距不宜大于 6m。高大模板支架及厂房、地下车库、大型会议室、共享空间、大厅等模板支架竖向每步距进行拉结,在无结构柱部位应采取预埋钢管等措施与建筑结构进行刚性连接

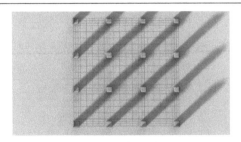

立杆定位放线

纵横向水平杆端部与墙柱梁顶紧顶牢

| 四周和中部与结构柱进行刚性连接（一） | 四周和中部与结构柱进行刚性连接（二） |

| 第2.3条 | 混凝土浇筑顺序及注意事项 |

　　高大模板支架及厂房、地下车库、大型会议室、共享空间、大厅等模板支架，严禁梁、板、柱混凝土同时浇筑，应先浇筑柱、墙等竖向结构混凝土，待竖向结构混凝土强度达到70%后，再浇筑梁、板水平结构混凝土。浇筑该类结构混凝土时，其输送设备宜使用汽车泵，不宜使用拖式泵或车载泵。梁、板混凝土浇筑过程中严禁任何人进入模板支架内部

严禁梁、板、柱混凝土同时浇筑

应先浇竖向构件，再浇筑水平构件

宜使用汽车泵浇筑

梁、板浇筑时严禁任何人进入支架内部

第 2.4 条	模板支架验收及旁站

模板支架搭设完毕后，应经建设、施工、监理单位共同验收合格后，方可进入下道工序。项目技术负责人和总监理工程师签发混凝土浇捣令后，方可浇筑混凝土。危险性较大的模板支架在浇筑混凝土期间，项目负责人必须在岗值班，监理工程师必须全过程旁站监理，现场管理人员、作业人员实行实名制登记制度、进出场报备制度

建设、施工、监理单位共同验收

验收记录

签发混凝土浇捣令后方可浇筑混凝土

在岗值班、旁站监理

第 2.5 条	地下车库覆土顶板严禁使用无梁楼盖

地下车库覆土顶板应采用梁板结构，覆土顶板严禁使用无梁楼盖。地下车库顶板覆土前，应竖立回填土厚度标尺，设立厚度警戒线，覆土厚度严禁超过园林绿化设计厚度，且不得超过结构设计承载要求。严禁在地下车库覆土顶板上违规使用大型机械超载施工。地下车库非覆土层楼板若采用模壳施工，应使用阻燃型模壳

地下车库无梁楼盖坍塌事故（一）	地下车库无梁楼盖坍塌事故（二）
地下车库无梁楼盖坍塌事故（三）	覆土厚度严禁超过园林绿化设计厚度
第2.6条	**设置防止钢筋坍塌的支撑结构**

厚度超过800mm的底板施工时，上下层钢筋之间应设置防止钢筋坍塌的支撑结构，支撑结构应进行计算，且顶部水平钢筋上严禁堆放钢筋或其他荷载。地下管廊、挡土墙施工时，应有防止竖向钢筋倒塌措施

超厚底板钢筋坍塌事故（一）

超厚底板钢筋坍塌事故（二）

1.8m 厚超厚底板钢筋支撑系统

上海中心 6m 厚超厚底板钢筋支撑系统

第 2.7 条	可调托撑的设置要求

梁底端部立杆离柱、墙距离不大于 300mm。模板支架立杆顶部必须设置可调托撑。扣件式模板支架可调托撑伸出立杆顶端长度应小于 200mm，伸出顶层水平杆的悬臂长度严禁超过 500mm。承插型盘扣式模板支架可调托撑伸出立杆顶端长度应小于 400mm，伸出顶层水平杆或双槽钢托梁的悬臂长度严禁超过 650mm

扣件式模板支架立杆顶部

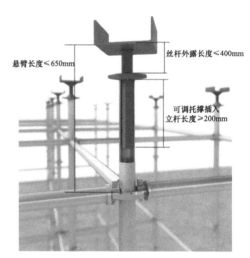

承插型盘扣式模板支架立杆顶部

第 2.8 条	承插型盘扣式模板支架应由专业队伍搭设

承插型盘扣式模板支架搭设应由专业队伍搭设，搭设时应用锤子敲击连接盘插销顶面，确保锤击自锁后不拔脱。承插型盘扣式高大模板支架水平杆步距不得超过 1.5m，最顶层应比标准步距缩小 1 个盘扣间距，竖向斜杆间隔不得大于 2 跨，标准型立杆轴力设计值大于 25kN 时，不得大于 1 跨

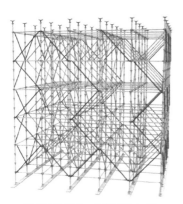

承插型盘扣式模板支架

承插型盘扣式模板支架节点

承插型盘扣式模板支架实物

搭设时应用锤子敲击连接盘插销顶面

第2.9条	扣件式模板支架立杆设置要求

　　扣件式模板支架搭设时，截面高度小于 400mm 的梁下，宜设置立杆，截面高度大于 400mm 的梁下，必须设置立杆。梁底每根立杆承担的混凝土体积不得超过 0.24m³。纵、横向水平杆均扣在立杆上。主节点处不得缺少纵横向水平杆。水平杆步距不得超过 1.5m。立杆纵、横间距不应超过 1.2m×1.2m，高大模板支架及厂房、地下车库、大型会议室、共享空间、大厅等模板支架立杆纵、横间距不得超过 0.9m×0.9m

截面高度小于 400mm 的梁下宜设置立杆

截面高度大于 400mm 的梁下必须设置立杆

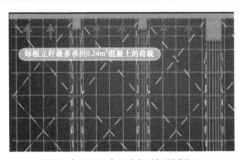

梁底每根立杆承担的混凝土
体积不得超过 0.24m³

扣件式模板支架立杆纵、横间距
不宜超过 1.2m×1.2m

第 2.10 条	扣件式模板支架水平拉杆增设要求

扣件式模板支架搭设高度为 8～20m 时，在最顶步距两水平拉杆中间应增设一道水平拉杆，搭设高度超过 20m 时，在最顶两步距两水平拉杆中间应分别增设一道水平拉杆。扣件式模板支架搭设高度不宜超过 30m

搭设高度 8～20m 时增设一道水平拉杆

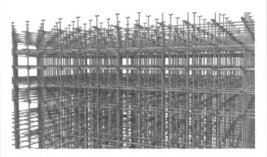

搭设高度超过 20m 的增设两道水平拉杆

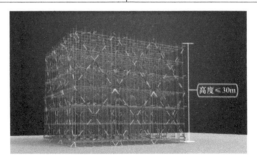

扣件式模板支架搭设高度不宜超过 30m

第**3**章

高处作业安全管理

第3.1条	作业区内严禁设置办公区、生活区

　　办公区、生活区应与作业区分开设置，并保持足够的安全距离；作业区内严禁设置办公区、生活区；作业区应设门禁，并有效使用。施工单位在工程开工前，应结合工程特点编制包括临边与洞口作业、攀登与悬空作业、操作平台、交叉作业等内容的高处作业安全技术措施或专项施工方案

作业区内不得设置办公区和生活区

作业区内不得有板房

作业区出入口应设置门禁

办公区设置在作业区之外

第3.2条	三级安全教育和劳保用品配备

新入场作业人员应经"施工总承包""专业承包或劳务分包""班组"三级安全教育，合格后，取得作业区门禁出入许可和安全帽、安全带、反光背心、护目镜、手套等劳保用品和专业工具包后，方可进入作业区。作业人员、管理人员（包括：建设单位、施工单位、监理单位及其他参建单位管理人员）进入作业区，必须佩戴安全带

"施工总承包"级安全教育

"专业承包或劳务分包"级安全教育

"班组"级安全教育

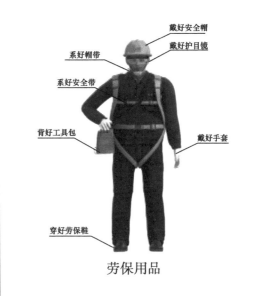

劳保用品

第3.3条	隔离区、水平钢丝绳、止坠器等防坠措施

坠落半径范围内应设置警戒隔离区，严禁人员进入隔离区内。无外脚手架防护的楼层周围应设置高度为1.5m的水平钢丝绳，作为挂安全带的母索。攀爬钢结构柱时，应在柱上设置"安全绳+止坠器"或"速差防坠器"

坠落半径范围内应设置警戒隔离区

"安全绳+止坠器"

用于挂安全带的水平钢丝绳

严禁人员进入隔离区内

第 3.4 条	不得在脚手架安全立网外搭设悬挑式水平硬防护棚

脚手架搭设时应超出作业面不少于 1.5m。不得在脚手架安全立网外搭设悬挑式水平硬防护棚，可在脚手架安全立网外搭设悬挑式水平安全平网

不得在脚手架安全立网外
搭设悬挑式水平硬防护棚

可在脚手架安全立网外
搭设悬挑式水平安全平网

悬挑式水平硬防护棚事故（一）

悬挑式水平硬防护棚事故（二）

第 3.5 条	水平洞口钢筋网片封堵措施

　　施工层合模后，首先应对模板面各类洞口进行防护，然后再实施其他作业，可采用定型化或水平兜网防护。短边边长为 250～1500mm 的水平洞口，在混凝土浇筑前应预置单层双向钢筋网片封堵，钢筋网格间距不大于 150mm，待模板拆除后，及时对钢筋网片水平洞口进行盖板覆盖或定型化防护。短边长度大于或等于 1500mm 的水平洞口，应在临空一侧设置高度不小于 1.2m 的防护栏杆，并应采用密目式安全立网或工具式栏板封闭，设置挡脚板

合模后立刻进行钢筋网防护

水平洞口钢筋网防护完毕

采用工具式栏板水平洞口防护

采用密目式安全立网水平洞口防护

| 第3.6条 | 移动式操作平台的安全防护 |

　　移动式操作平台面积不宜大于 10m²，高度不宜大于 5m，高宽比不应大于 2：1，施工荷载不应大于 1.5kN/m²。移动时，操作平台上不得站人。操作平台应具有上人爬梯，并应在作业面临空一侧设置高度不小于 1.2m 的防护栏杆，下设挡脚板，使用工况下必须设置防倾覆措施

高度不宜大于 5m，
高宽比不应大于 2：1

移动时不得站人

应具有上人爬梯

使用工况下设置防倾覆措施

第3.7条	悬挑式操作平台

悬挑式操作平台下方坠落半径内，必须设置警戒隔离区和提示牌，严禁任何人进入隔离区内。悬挑式操作平台严禁设在人行道上方。悬挑式操作平台的搁置点、拉结点、支撑点应设置在稳定的主体结构上，严禁设置在临时设施上。悬挑式操作平台悬挑长度不宜大于5m，均布荷载不应大于5.5kN/m³，集中荷载不应大于15kN，悬挑梁应锚固固定，外侧应略高于内侧。每一道钢丝绳应能承载该侧所有荷载，钢丝绳夹不得少于4个，建筑物锐边、利口周围系钢丝绳处应加衬软垫物。悬挑式操作平台临空三面应设倾角30°、宽度1.8m的防漏安全兜网

悬挑式操作平台外侧应略高于内侧

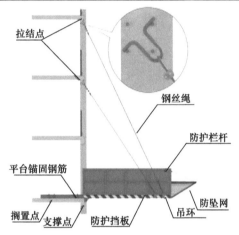

固定点设置在稳定的主体结构上

固定点严禁设置在临时设施上

悬挑长度及均布荷载符合规定要求

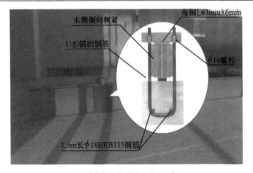

悬挑梁应锚固固定

悬挑式操作平台严禁设在人行道上方

钢丝绳夹不得少于 4 个

建筑物锐边、利口周围系
钢丝绳处应加衬软垫物

悬挑式操作平台临空三面设防漏安全兜网

悬挑式操作平台 5 人死亡事故案例

第 3.8 条	临边防护措施

临边防护栏杆上杆距地面高度应为 1.2m，下杆应在上杆和挡脚板中间设置。当防护栏杆高度大于 1.2m 时，应增设横杆，横杆间距不应大于 600mm。防护栏杆立杆间距不应大于 2m，挡脚板高度不应小于 180mm。防护栏杆应采用密目式安全立网或工具式栏板封闭。施工升降机停层平台口应设置高度不低于 1.8m 的楼层防护门并应设置防外开装置。停层平台两侧应采用硬质材料防护封闭

临边防护栏杆

采用工具式栏板防护

楼层防护门应设置防外开装置

停层平台两侧硬质材料防护封闭

第3.9条	缺少或不易设置安全带吊点的作业区域的防坠措施

脚手架搭拆、悬空作业、钢结构屋面施工等缺少或不易设置安全带吊点的作业区域，应设置钢丝绳作为挂安全带的母索，或采用配重式坠落防护锚固系统作为安全带吊点。钢结构网架作业时，作业层下方应设置安全平网等防坠措施

钢丝绳作为安全带的母锁

配重式坠落防护锚固系统作为安全带吊点

钢结构网架下弦下方设置安全平网

施工作业设置安全平网

第3.10条	验收及安全警示标志

高处作业前，应对安全防护设施进行验收，验收合格后方可进行作业。临边、洞口、电梯井口等部位应设置安全警示标志，光线不足区域应设置充足的照明。各类井道内每隔2层且不大于10m，应设置安全平网防护

光线不足区域应设置充足的照明

重点区域设置安全警示标志

楼梯间设置充足的照明

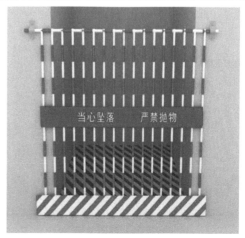

各类井道应设安全防护

第4章
施工升降机安全管理

第4.1条	落实安拆单位主体责任

施工升降机安拆、加节、附着应由同一家安拆单位完成。安拆单位对全体安拆作业人员每月至少进行一次集中安全培训，每次3h

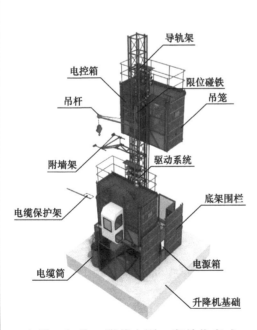

导轨架
电控箱
限位碰铁
吊杆
吊笼
驱动系统
附墙架
底架围栏
电缆保护架
电源箱
电缆筒
升降机基础

安拆、加节、附着由同一家单位完成

月度安全培训

2008 年 10 月 30 日，一施工升降机坠落，12 人遇难	2008 年 12 月 27 日，一施工升降机坠落，18 人遇难，1 人受伤
第 4.2 条	**安拆前资格审查**

安拆前，施工总承包单位和监理单位应分别审核建筑起重机械的特种设备制造许可证、产品合格证、备案证明、安拆单位的资质证书、安装（拆除）告知书、安全生产许可证、特种作业操作证、施工升降机安拆专项施工方案等资料

特种设备制造许可证

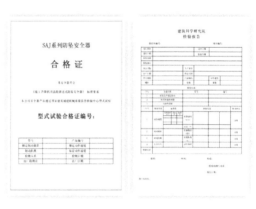

防坠器合格证

安拆单位资质证书

备案证书

安全生产许可证

施工升降机合格证

特种作业人员操作资格证

专项施工方案

第4.3条	专职机械设备管理人员应到岗履责

　　施工总承包单位每个在建项目必须至少设置1名专职机械设备管理人员。施工总承包单位专职机械设备管理人员、专职安全员以及监理工程师在每次安拆、加节、附着前，应核查特种作业人员的特种作业证，核查安拆单位所有人员社保是否属于该安拆单位

设置专职机械设备管理人员

核查安拆人员特种作业证和社保

2013 年 08 月 16 日，某项目 一施工升降机坠落，5 人遇难	2011 年 08 月 03 日，某项目 一施工升降机坠落，3 人遇难

第 4.4 条	落实相关责任方主体责任

施工升降机安拆、加节时，作业现场应有以下人员进行现场检查：安拆单位的专业技术人员、专职安全员；施工总承包单位的专职机械设备管理人员、专职安全员；监理单位的监理工程师。上述人员必须全部全过程在岗，严禁缺席

现场人员监督检查

第 4.5 条	安拆维保期间的安全管控措施

安拆、加节、附着、维修、保养期间，必须严格执行以下规定：（1）作业区域周围必须设置警戒线。（2）在施工升降机上悬挂"安拆维保严禁使用"红色警示牌（高400mm×宽600mm 红底白字）。（3）安拆、维修人员离开时，必须切断电源，锁上三道锁（开关箱锁、围栏门锁、操作电锁）。（4）安拆单位和施工总承包单位必须各设1人，专人看守，严禁任何人开启施工升降机，监理单位设专人全过程旁站监理，并留存照片归档

作业区域周围必须设置警戒线

警示牌

离开时控制开关拨到零位

锁上操作电锁并由专人管理

第4.6条	悬臂端安全管理

非屋面施工期间，导轨架悬臂端高度不得超过 4.5m，且上限位与上极限限位必须安装在最顶附墙架以下。屋面施工期间，导轨架悬臂端高度不得超过 7.5m，且专职机械设备管理人员和司机必须每日对悬臂端标准节螺母进行检查、拍照和记录，司机、专职机械设备管理人员、专职安全员和监理工程师在照片上签字，归档备查。屋面施工期间有条件的项目应在花架梁等结构上安装附墙架，且上限位与上极限限位必须安装在最顶附墙架以下

非屋面施工时，上限位和上极限
限位安装在最顶端附墙架以下

花架梁上安装附墙架

检查照片审核签字

2008年10月30日，某施工现场轿厢升到
螺母脱落的悬臂端发生12人遇难事故

第4.7条	落实每日巡检

　　严禁滚轮、背轮、齿轮间隙过大或过小或脱落。司机、专职机械设备管理人员、专职安全员、监理工程师应每日检查防脱齿安全挡块、背轮、滚轮、螺栓螺母是否缺失以及齿轮齿条啮合情况，司机、专职机械设备管理人员拍照并打印，司机、专职机械设备管理人员、专职安全员和监理工程师在照片上签字，归档备查

齿轮间隙过大

背轮脱落

滚轮脱落

检查照片并签字

第4.8条	现场验收管理

高强度螺栓连接时，应螺杆在下，螺母在上。最顶端的1节标准节应去掉齿条，并以醒目颜色区分。施工升降机检测、验收合格后，应悬挂"验收合格允许使用"标识牌（高400mm×宽600mm绿底白字）

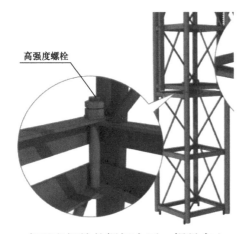

高强度螺栓的螺杆在下、螺母在上

去掉最顶端1节标准节的齿条

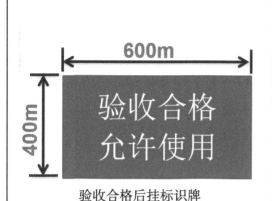

600m

400m

验收合格
允许使用

验收合格后挂标识牌

驱动板冲出标准节

第4.9条	日常作业安全管控措施

　　施工升降机司机必须持证上岗，层门插销设置在升降机侧，只能从升降机侧打开。施工升降机应安装"指纹+人脸"识别系统，并有效使用。司机下班或离开轿厢时，必须将轿厢降到地面，锁上开关箱锁、围栏门锁、操作电锁，钥匙必须专人保管

建筑施工特种作业操作资格证

层门插销设置在升降机侧

"指纹+人脸"识别系统

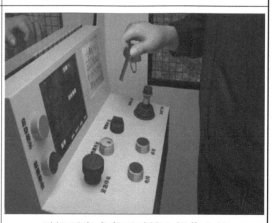

司机下班或离开时锁上操作电锁

第4.10条	加强信息化监管

轿厢内应安装监控设备，用于监控司机操作行为及轿厢内人数。监控设备应具备人数清点及超载报警功能，当人数超过9人、**重量超载以及载物时超过2人时**，该装置应进行声光报警并停止运行。视频应实时传输到施工现场办公区施工总承包单位和监理单位终端

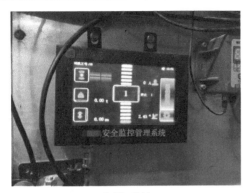

监控系统

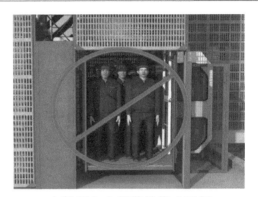

人数超9人报警并停止运行

载物时超2人报警并停止运行

视频实时传输到总包单位和监理单位终端

第 **5** 章

塔式起重机安全管理

第 5.1 条	落实安拆单位主体责任

安拆单位对全体安拆作业人员每月至少进行一次集中安全培训，每次 3h。严禁使用额定起重力矩 630kN·m（不含 630kN·m）以下塔式起重机。塔式起重机司机室必须配备冷暖空调，并有效使用。塔式起重机安拆、加节、附着应由同一家安拆单位完成，严禁无资质、超范围或挂靠从事起重机械安拆作业

安全培训

司机室配备冷暖空调

第 5.2 条	落实各参建方主体责任

安拆、加节、附着前，施工总承包单位和监理单位应分别审核建筑起重机的特种设备制造许可证、产品合格证、备案证明、安拆单位的资质证书、安装（拆除）告知书、安全生产许可证、安拆专项施工方案；应核查特种作业人员的特种作业证，核查安拆单位所有人员社保是否属于该安拆单位。作业现场应有以下人员进行现场监督检查：安拆单位的专业技术人员、专职安全员；施工总承包单位的专职机械设备管理人员、专职安全员；监理单位的监理工程师。上述所有人员必须全过程在岗，严禁缺席

特种设备制造许可证

产品合格证

资质证书

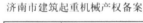

备案证

安全生产许可证

安装告知书

特种作业人员操作资格证

QTZ80型起重机安装施工方案

专项施工方案

核查特种作业人员的特种作业证

现场监督检查

第5.3条	强化信息化监控手段

塔式起重机应安装"指纹+人脸"司机识别装置、黑匣子装置和视频监控装置，加装的新装置不能改变起重机械原有安全装置及电气控制系统的功能。视频监控装置应满足：（1）应在起重臂、司机室、平衡臂主卷扬机处安装视频监控装置，用以监控吊装、司机及主卷扬机。司机室应安装高清显示屏，视频实时传输到施工现场办公区施工总承包单位和监理单位终端。（2）安拆、加降节时，安拆单位应全程录像（含：起重臂、平衡臂、塔帽、套架、附着安拆全过程；力矩限制器调试全过程等。其中，顶升时必须全程对顶升横梁、下回转支座处录像）。市住房和城乡建设局每季度末组织专家对安拆、加降节视频进行抽查和通报，安拆单位不提供完整视频，视同规避抽查

司机识别装置，避免未授权人员驾驶

塔式起重机视频监控

视频实时传输到施工现场办公区施工总承包单位和监理单位终端

塔式起重机黑匣子

起重臂安装视频监控装置

平衡臂主卷扬机处安装视频监控装置

司机室安装视频监控装置

力矩限制器调试全过程录像

顶升全过程对回转支座处录像

—

第5.4条	套架安装的安全管控措施

　　安装顶升套架时应防止套架坠落：（1）顶升套架的安装及与下支座的连接宜在塔式起重机最小安装高度时进行。（2）吊装套架套入塔身时，套架上不允许有作业人员，就位时，必须将套架换步卡板伸出，防止套架意外滑落。（3）应统一指挥、观察到位，防止套架与下支座连接耳板顶撞。（4）套架安装完毕后，方可安装塔帽、平衡臂、起重臂。

顶升套架的安装宜在塔式起重机
最小安装高度时进行（一）

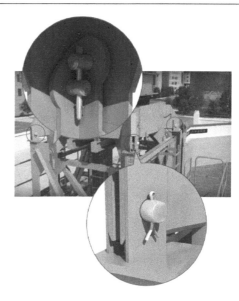

顶升套架与下支座的连接在塔式
起重机最小安装高度时进行（二）

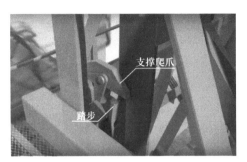

换步卡板（支撑爬爪）

套架安装完毕后，方可安
装塔帽、平衡臂、起重臂

第5.5条	顶升作业安全管控措施

顶升时必须做到：（1）下支座与顶升套架连接处的四角螺栓或销轴必须全部连接可靠，顶升全过程严禁拆卸。（2）顶升横梁端部防脱保险应锁定完好，否则严禁伸出液压油缸。（3）顶升换步作业时，应将两侧的换步卡板正确放置在标准节踏步上，确认完好无误，否则严禁收缩液压油缸。（4）回转机构制动开关应锁定，防止因误操作或风荷载作用导致旋转。（5）顶升中严禁小车前后移动。（6）顶升中严禁吊钩起升。（7）严禁套架滚轮与塔身间隙不符合要求。（8）若要连续加节，则每加完1节后，用塔式起重机自身起吊下1节标准节，塔身各主弦杆和下支座应可靠连接，唯有在这种情况下，允许8根螺栓每根只用1个螺母（销轴连接的塔式起重机，可使用厂家提供的安全销）。作业中途暂停时，应将标准节与下支座螺栓或销轴全部紧固

下支座与顶升套架连接处的
四角螺栓或销轴全部连接可
靠，顶升全过程严禁拆卸

顶升横梁端部防脱保险应锁定
完好，否则严禁伸出液压油缸

顶升换步作业时，应将两侧的换步
卡板正确放置在标准节踏步上，确
认完好无误，否则严禁收缩液压油缸

回转机构制动开关应锁定，防止
因误操作或风荷载作用导致旋转

顶升中严禁小车前后移动

顶升中严禁吊钩起升

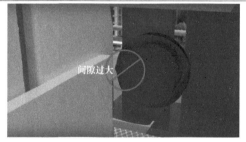

严禁套架滚轮与塔身间隙不符合要求

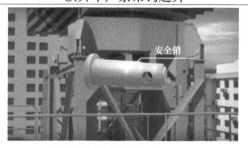

销轴连接的塔式起重机，
可使用厂家提供的安全销

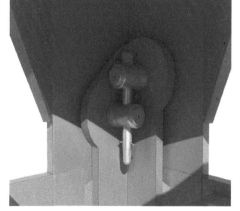

作业中途暂停时，应将标准节
与下支座螺栓或销轴全部紧固

—

43

第5.6条	安全保护装置应齐全有效

安装后，安装单位必须严格按照说明书要求，用标准砝码调试好力矩限制器。每次安装、加节后，安装单位必须及时调整起升高度限制器，使吊钩顶部至小车架下端的最小距离为800mm时停止上升，但能下降。塔式起重机独立高度和最顶端附墙架以上悬臂高度，严禁超高。塔式起重机起重臂上应设置钢丝绳作为挂安全带的母索。在塔式起重机标准节内，应设置"安全绳+止坠器"或速差防坠器等防坠装置

力矩限制器

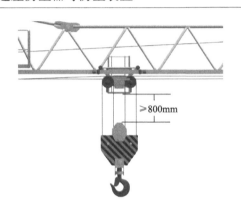

高度限位器

独立高度

起重臂上设置钢丝绳作为挂安全带的母索

速差防坠器

—

第5.7条	加强作业人员管理

施工总承包单位每个在建项目必须至少设置1名专职机械设备管理人员。塔式起重机实施机长负责制，每台塔式起重机应指定1人为机长，每8h为1台班，每台班配备1名司机和2名信号工（地面、作业层），每个台班结束，应及时更换，严禁塔式起重机司机超时作业。施工总承包单位应每月对塔式起重机司机、司索工及信号工进行安全教育，并应每月组织产权单位和监理单位对力矩限制器、起升高度限位器等安全装置和主要部件进行检查，安全装置检查时，司机、专职机械设备管理人员拍照并打印，司机、专职机械设备管理人员、专职安全员和监理工程师在照片上签字，归档备查

足额配备司机和信号工

安全教育

检查安全装置和主要部件，并拍照、打印

专职安全员和监理工程师在照片上签字

第5.8条	塔式起重机标识及群塔作业安全管理

塔式起重机围护栏上应设置"安装验收信息公示牌"。司机室应配备灭火器，地板应设防火垫，司机室应张贴产权单位、安拆单位、施工总承包单位、维护保养单位的联系人及电话。塔式起重机应配备足够的对讲机，每台塔式起重机使用专用指挥频道。群塔作业时应编制群塔作业方案，施工总承包单位应对塔式起重机司机进行安全技术交底；群塔作业方案变更后，施工总承包单位需重新对塔式起重机司机、司索工、信号工进行安全技术交底

安装验收信息公示牌

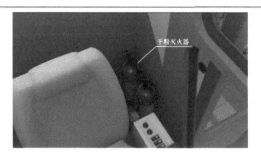

司机室配备灭火器

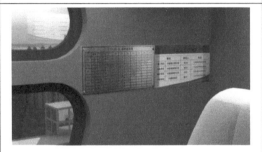

司机室力矩曲线图、各单位联系人及电话

专用对讲机

群塔作业方案

群塔作业安全技术交底

第 5.9 条	塔式起重机拆除安全管控措施

拆除时：（1）在塔式起重机标准节已拆出，但下支座与塔身还未用高强度螺栓或销轴连接前，严禁使用回转机构、变幅机构和起升机构。（2）起重臂、平衡臂、塔帽全部卸下后方可拆卸下支座与顶升套架连接的螺栓或销轴。（3）当天未拆除完毕的，下班前应将回转下支座与标准节连接固定牢固，将吊钩升起，严禁下班前未连接固定。

转场时，塔身标准节螺栓应全部卸下，严禁多节标准节整体连接不拆解保养即转场安装

下支座与塔身未有效连接

下支座与塔身未有效连接严禁回转

下支座与塔身未有效连接严禁变幅

下支座与塔身未有效连接严禁升降

起重臂、平衡臂、塔帽全部
卸下后方可拆卸下支座与顶
升套架连接的螺栓或销轴

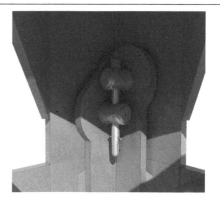

当天未拆除完毕的，下班前应将
回转下支座与标准节连接固定牢固

第 5.10 条	加强吊索具安全管理

吊索、吊具必须由施工总承包单位购买或指定，采购前应编制吊索、吊具专项施工方案，有计算书和荷载统计。塔式起重机应使用成品吊斗，吊斗高宽比等于1，四角每个吊耳各设一根钢丝绳，吊斗必须设盖板全封闭。吊装箍筋、扣件、砖等散料，应使用吊斗全封闭吊装；吊装长钢筋、钢管应采用扁担吊梁。每台塔式起重机必须足额配备司索工和信号工，统一佩戴红色袖标，严禁不设司索工、信号工或由工人兼职

吊索、吊具由施工总承包单位购买

信号工统一佩戴红色袖标

第6章

起重吊装安全管理

第6.1条	方案先行，交底到位

　　起重吊装作业前，根据住房和城乡建设部办公厅印发的《危险性较大的分部分项工程专项施工方案编制指南》编制吊装作业的专项施工方案，并应进行安全技术交底；作业中，未经技术负责人批准，不得随意更改

方案未经技术负责人批准不得更改

吊装前安全技术交底

第6.2条	超过一定规模的危险性较大的分部分项工程专家论证严格管理

　　采用非常规起重设备、方法，且单件起吊重量在100kN及以上的起重吊装工程，应当对专项施工方案进行专家论证

单件起吊重量在100kN以上吊装

多台汽车起重起吊装

对专项施工方案进行专家论证

方案错误引发的吊装事故

第 6.3 条	起重机的位置严格依据方案核实，支腿支垫牢固

　　自行式起重机工作位置应与沟渠、基坑保持一定安全距离，作业前应将支腿全部伸出，并应支垫牢固。作业过程发现支腿沉陷或其他不正常情况时，应立即放下吊物，进行调整后，方可继续作业

支腿支垫牢固（一）

支腿支垫牢固（二）

支腿沉陷（一）

支腿沉陷（二）

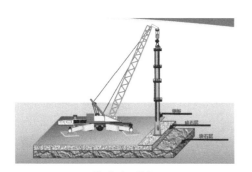

汽车起重机
站位地基处理

汽车起重机
支腿全部伸出

支腿下无随车钢板、
地基不符合要求引发的事故

基坑边吊装倒塌事故

第6.4条	特种作业人员持证上岗

　　起重机操作人员、起重信号工、司索工等特种作业人员必须持特种作业资格证书上岗。严禁非起重机驾驶人员驾驶、操作起重机

持证上岗

证书核查

特种作业操作资格证

—

第6.5条	吊装先检查，起吊先试吊

起重吊装作业前，应检查所使用的机械、滑轮、吊具和地锚等，应符合安全要求。起吊先试吊，应先将构件吊离地面200~300mm后暂停，检查起重机械的稳定性、制动装置的可靠性、构件的平衡性和绑扎的牢固性等，确认无误后，方可继续起吊

汽车起重机滑轮

塔式起重机滑轮

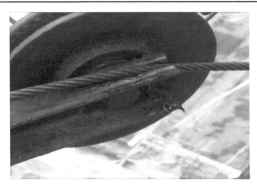

钢丝绳脱出滑轮

试吊

第 6.6 条	预防物体打击措施到位

起重吊装作业前，应根据专项施工方案要求划定危险作业区域，设置醒目的警戒标志，防止无关人员进入，作业时设置专职监护人员，对作业过程进行监护

作业前划定危险区域拉警戒线

设置醒目的警戒标志

专职人员进行监护

—

第 6.7 条	吊索具正确选择、使用前检查

绑扎所用的吊索、卡环、绳扣等规格应根据计算确定。起吊前，应对起重机钢丝绳及连接部位和吊具进行检查

卡环（卸甲、卸扣）

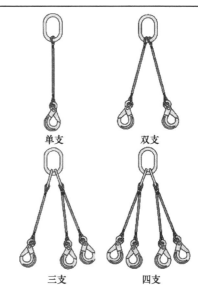

单支　　　双支

三支　　　四支

钢丝绳成套吊具

压制吊索

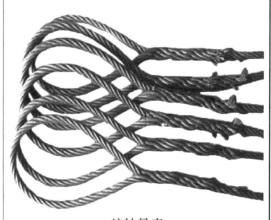

编结吊索

第6.8条	溜绳正确使用
高空吊装屋架、梁时，应在构件两端绑扎溜绳，由操作人员控制构件的平衡和稳定	

吊装钢结构时使用溜绳

吊装梁时使用溜绳

第 6.9 条	临时固定、永久固定措施到位

暂停作业时，对吊装作业中未形成稳定体系的部分，必须采取临时固定措施，对临时固定的构件，必须在完成永久固定后，经检查确认无误后，方可解除临时固定措施

装配式结构临时固定措施

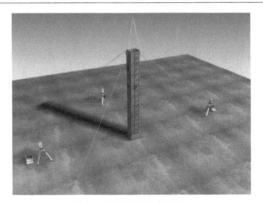

柱模板临时固定措施

第 6.10 条	遵守"十不吊"作业保安全

严格执行"十不吊"原则：（1）指挥信号不明不准吊。（2）斜牵斜挂不准吊。（3）吊物重量不明或超负荷不准吊。（4）散物捆扎不牢或物料装放过满不准吊。（5）吊物上有人不准吊。（6）埋在地下物品不准吊。（7）安全装置失灵或带病不准吊。（8）现场光线阴暗看不清吊物起落点不准吊。（9）棱刃物与钢丝绳直接接触无保护措施不准吊。（10）六级以上强风不准吊

指挥信号不明不准吊

斜牵斜挂不准吊

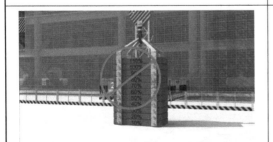

吊物重量不明或超负荷不准吊

散物捆扎不牢或物料装放过满不准吊

吊物上有人不准吊

埋在地下物品不准吊

安全装置失灵或带病不准吊

现场光线阴暗看不清吊物起落点不准吊

棱刃物与钢丝绳直接
接触无保护措施不准吊

六级以上强风不准吊

第7章
附着式升降脚手架安全管理

第 7.1 条	职责明确、严禁下降、新开工项目严禁使用半钢式、钢丝绳中心吊式附着式升降脚手架

　　施工总承包单位应对附着式升降脚手架实施统一管理。监理单位应编制附着式升降脚手架监理实施细则，安拆、提升时应旁站监理。附着式升降脚手架的方案设计、安装、提升、维护保养、拆卸等工作应由同一家专业承包单位完成。附着式升降脚手架专业承包单位应在现场安排驻场人员，提供技术支持和设备维护服务。附着式升降脚手架严禁下降作业。新开工项目，严禁使用半钢式附着式升降脚手架，严禁使用钢丝绳中心吊式附着式升降脚手架

安拆、提升旁站监理

严禁下降作业

严禁使用半钢式附着式升降脚手架	严禁使用钢丝绳中心吊式附着式升降脚手架

某项目外爬架下降过程坍塌事故案例分析

坍塌事故现场：

101b号交联悬链楼屋面

101a号交联立塔北侧　　　101a号交联立塔东侧　　　101a号交联立塔地面位置

工程概况：

本工程主要用于电缆生产，总建筑面积为 3.7 万 m^2。101a 号交联立塔为一超高层工业厂房，群筒结构（四个角部为四个核心筒），地下两层，地上 26 层，总高度为 184.8m，标准层层高为 7m，局部为 8m、6.5m、6m；裙房 101b 号交联悬链楼为框架结构，地上 4 层，高度为 28.3m。

事故简述：

2019 年 3 月 21 日 13 时 10 分左右，该工程电缆项目在爬架下降作业过程中发生架体坠落，事故造成 6 名施工人员经抢救无效死亡、5 名施工人员受伤住院事故经过：

2019年3月15日，101a号交联立塔外立面19层以下砌筑作业已完成，爬架准备进入下降阶段，配合外墙抹灰、线条安装、涂料作业。

2019年3月21日13：10左右，101a塔楼东北角处装修爬架下降至14~16层时突然发生架体坠落，与底部44m高落地架相撞；事发时爬架上5人在进行爬架下降作业，劳务班组1名工人在爬架上封堵螺杆洞，5名工人在101a塔楼下方5层、6层落地脚手架上进行外墙抹灰作业。

事故发生的位置：

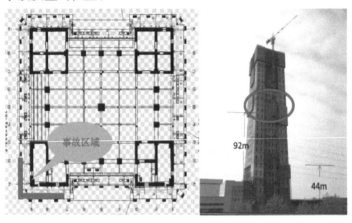

事故发生位置为101a塔楼东北角处筒体结构，架体底部由17层楼板降至14层楼板上部2m位置处，事发时底部距地面高度约92m。

架体呈L形，高22.5m，长约19m。

101a号交联立塔爬架、落地架位置

事故发生的原因：

捯链使用钢丝绳挂着捯链顶部，而不是捯链连接在附着支座上

同步控制装置传感器和控制器

直接原因一：

捯链上挂点未固定在附墙刚性支座上，而是通过钢丝绳与销轴挂接，捯链上挂点与钢丝绳连接处发生滑脱。

直接原因二：

人为将爬架同步控制装置拆除，导致架体下降机位不同步，致使个别机位捯链上挂点与钢丝绳无法拉紧而滑脱。

直接原因三：

爬架下降过程中突遇大风（地面瞬时风力达到六级），造成架体晃动，也是捯链上挂点与钢丝绳滑脱的诱因

六级风判别标准：10.8~13.8m/s　　　　　　拆除了爬架防坠器销轴

直接原因四：

爬架防坠器销轴被拆除，架体坠落时防坠器未动作生效。

间接原因一：

2019年3月17日，项目对爬架单位下发《关于现场安全管理的函》，明确指出爬架单位现场管理人员不作为，对爬架防坠器失效等问题检查整改不到位，并要求爬架单位更换现场安全管理人员，对爬架进行检查整改。但事故发生当天（3月21日），爬架单位在整改不到位的情况下即违规进行爬架下降操作，下方落地架上有作业人员进行外墙抹灰作业，形成交叉作业。

间接原因二：

爬架专业分包单位未按方案施工，且下降前对同步控制装置、防坠器等关键部位检查及管理不到位。

间接原因三：

项目对爬架专业单位安全监管不力、未能及时发现和制止分包单位自行安排的冒险作业

第7.2条	材料合格、资质合法、责任明确、方案先行

　　附着式升降脚手架专业承包单位安装前应向施工总承包单位提供如下资料：（1）科技成果评估证书（或对照标准符合性证书）、型式检验合格报告、产品合格证、产品使用说明书。（2）附着式升降脚手架专业承包单位法人营业执照、企业资质证书、安全生产许可证。（3）附着式升降脚手架专业承包合同、安全管理协议书。（4）专项施工方案、生产安全事故应急救援预案、安全技术交底。（5）附着式升降脚手架的安装、拆除和提升操作人员的建筑施工特种作业操作证及现场管理人员岗位证书。（6）产品进场前的自检记录。（7）各种材料、工具的质量合格证、材质单、测试报告。（8）防坠装置、提升装置、同步控制系统等主要部件的合格证。上述资料的单位名称、附着式升降脚手架名称和型号必须一致。严禁出借、出租、借用或租用上述任何有关资料。专业承包单位发生死亡事故且负主要责任的，3年内不得在从事附着式升降脚手架施工

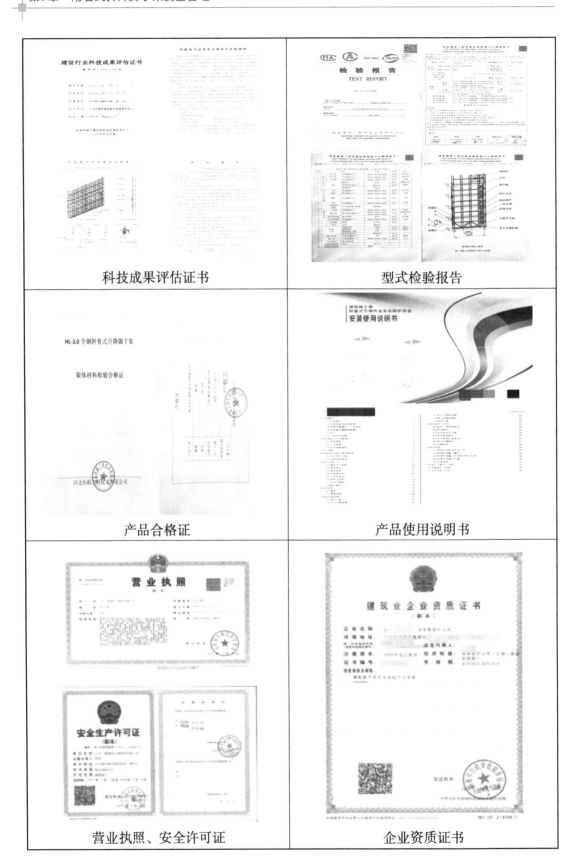

科技成果评估证书	型式检验报告
产品合格证	产品使用说明书
营业执照、安全许可证	企业资质证书

专业承包合同

安全管理协议书

生产安全事故应急预案

专项施工方案

安全技术交底

特种作业人员操作证

现场管理人员岗位证书

附录A　　附着式升降脚手架构配件及设备进场验收表

工程名称				机位数量			
检验人员				检验日期			
检查内容							
序号	零件/部件	数量	单位	结构性能	外观质量	验收结果	备注
1							
2							
3							
4							
5							
6							
7							
8							
检验结果	抽查：　套　　合格：　套　　不合格：　套						
验收人员	总包（使用）单位：		专业分包单位：		监理单位：		

注：合格：√，不合格：×，必要时用文字补充说明。

产品进场前自检记录

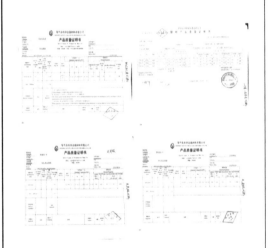

质量合格证、材质单、测试报告

主要部件合格证

第7.3条	提升作业安全管理

　　升降时严禁使用钢丝绳。提升捯链长度不够时严禁外接钢丝绳。严禁将提升机构上吊点隔层吊挂1次提升2层。层高大于4.5m的附着式升降脚手架宜使用格构式导轨，若采用槽钢式导轨，导轨采用的槽钢规格型号不得低于8号。层高大于6m时，上下层间必须至少增加一道附着支座。工程外立面造型倾斜或造型复杂的，编制方案时应用图纸细化各部位的附着点和作业人员安全措施

附着式升降脚手架任何
时刻禁止使用钢丝绳或接长

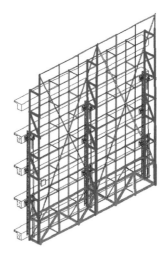

应逐层提升，严禁将提升机构
上吊点隔层吊挂1次提升2层

格构式导轨与附墙支座

槽钢式导轨实物图

第7.4条	超过一定规模的危险性较大的分部分项工程专家论证

　　属于以下情形之一的，应组织专家论证：（1）层高超过4.5m（不含）。（2）在预制装配剪力墙、保温板上做外墙模板工程应用。（3）外立面结构凹凸尺寸、层高变化较大。（4）结构复杂、造型特殊。（5）提升高度大于150m

预制装配剪力墙及升降附着脚手架

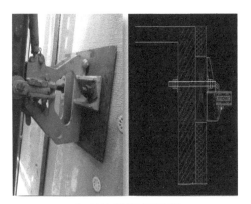

支座处外墙保温板

提升高度大于150m

结构复杂、造型特殊

第 7.5 条	混凝土强度符合要求，作业环境安全可靠

安装前，施工总承包和监理单位应对其下部临时支撑架体的承载力及稳定性进行复核。安装、提升、拆除过程中，应设置警戒区，专人看守。附墙支座处混凝土强度应符合设计要求且不应小于C15，提升点处混凝土强度不应小于C20。夜间不得进行提升作业。提升时，任何人不得在架体上作业停留。严禁垂直交叉作业。遇有恶劣天气禁止作业

爬架拆除采用高空解体，
严格按照专项拆除方案执行

安拆、提升过程，设置警戒区，专人看守

拆除过程中，未考虑塔式起重机额定起吊
重量，导致塔式起重机超载，架体滑落

预埋管须与配筋绑扎牢固，条件允许下，
在模板上开孔，以保证准确预埋

导座位置边梁开裂

提升时任何人不得在架体上作业停留

恶劣天气禁止作业

禁止垂直交叉作业

第 7.6 条	自检、检测、验收

　　安装单位自检合格后，租赁（产权）单位委托有资质的第三方检测机构进行检验。首次安装完毕、每次提升前、提升到位后投入使用前，施工总承包单位应组织专业承包单位、产权单位、安拆单位、监理单位进行验收

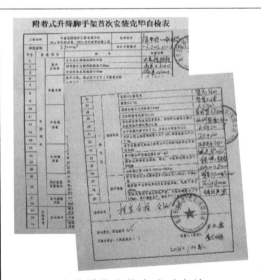

安装单位安装完成后自检

租赁（产权）单位委托检验

第 7.7 条	垂直度检测、独立固定、设计加强、翻板严密

　　提升到位后，检查导轨垂直度。防坠装置、提升装置和卸料平台必须分别独立固定在建筑结构上。附着式升降脚手架不得与结构模板加固构件等冲突，不得影响附着式升降脚手架正常提升。当附着式升降脚手架与塔式起重机、施工升降机及卸料平台等设备设施对应位置发生冲突时，不得接触，应单独设计，并采取加强措施。附着式升降脚手架底部应设置翻板与结构封闭严密，作业层下方紧临结构楼层的脚手板应加设副板、翻板，与结构封闭严密

防坠装置和提升装置分
别独立固定在建筑结构上

上部翻板

底部翻板

阳角翻板

第7.8条	支座牢固、安全装置齐全，架体高度符合要求

　　附墙支座必须使用双螺栓固定，应有防坠和防倾装置，并可靠有效。架体总高度不得大于所附着建筑物的5倍楼层高度（公共建筑项目不宜大于4.5倍的楼层高度）。在提升和使用工况下，架体悬臂高度均不得大于架体高度的2/5，且不得超过6m。架体悬臂部分超过规定高度，应与主体结构刚性拉结

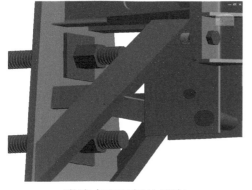

附墙支座双螺栓固定

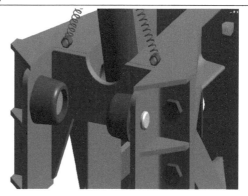

防倾装置

防坠装置

支顶装置

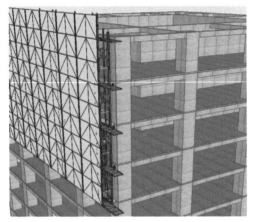

架体总高度不得大于所附着建筑物
的 5 倍的楼层高度

公共建筑项目架体总高度不得大于所附着
建筑物 4.5 倍的楼层高度

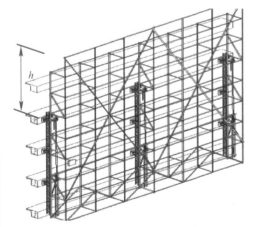

提升和使用工况下，悬臂高度
$h \leqslant 6m$、$h \leqslant$ 架体高度的 2/5

架体悬臂部分超过规定高度，
应与主体结构刚性拉结

第7.9条	防坠、同步装置灵敏有效、升降吊点独立设置

防坠装置在上升、使用、下降等任何工况下都应具备防坠功能，严禁用支顶装置代替防坠装置。升降吊点与防坠装置必须分别独立固定在建筑结构上。防坠装置必须为全自动机械式，且应有防污染措施。同步控制装置必须具有同步升降智能安全监控系统，应有异常自动报警、自动停机等功能，安拆人员应熟练操控同步控制装置

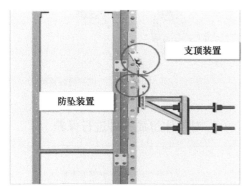

防坠装置在上升、使用、
下降等任何工况下都应具备防坠功能

防坠装置为全自动机械式

升降吊点与防坠装置必须
分别独立固定在建筑结构上

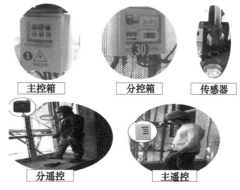

安拆人员应熟练操控
同步控制装置

第7.10条	使用过程维修保养到位

附着式升降脚手架使用过程中，应每月对其螺栓连接件、提升装置、防倾装置、防坠装置、电控设备、同步控制系统等进行保养，确保安全有效，并填写保养记录表。对损坏或失效构配件应及时进行维修和更换

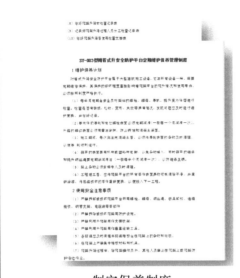

制定保养制度

对架体组成构件进行保养

填写维护保养记录

根据提升前后检查验收情况
进行构配件维修和更换

第8章

高处作业吊篮安全管理

第 8.1 条	安装前核查，自检合格后验收，租赁单位维修

吊篮安装前，施工总承包和监理单位应核查吊篮出厂合格证、安装使用说明书、产品检验报告。安拆单位安装、调试吊篮后应自检，合格后由施工总承包、专业承包、监理、租赁（产权）、安拆单位验收，验收合格后方可投入使用。吊篮租赁（产权）单位应在现场派驻技术维修管理人员，吊篮专用配电箱断电后必须上锁，钥匙由专人管理

产品合格证书
QC CERTIFICATE
产品名称： 高处作业吊篮
Product: Temporarily installed suspended access equipment
产品型号：
Product type: ZLP630
产品编号：
Serial No: 1910837
出厂日期：
Date: 2019 年 7 月
检验员：
Inspector:
质量总监：
Quality Director:
提升机编号：见提式机合格证
Serial No. for hoist: See QC CERTIFICATE for hoist
安全锁编号：见安全锁合格证
Serial No. for safety lock:

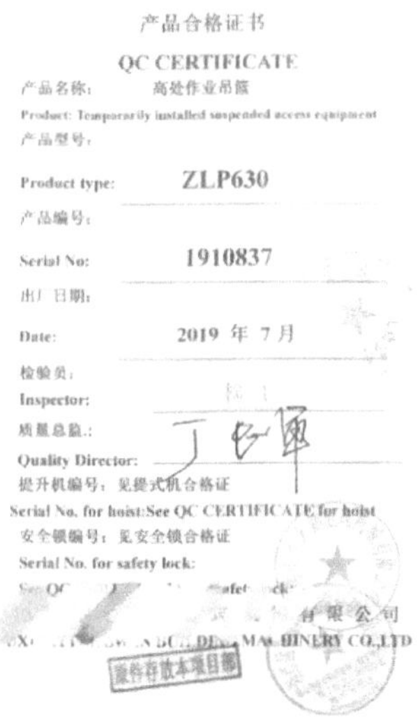

出厂合格证

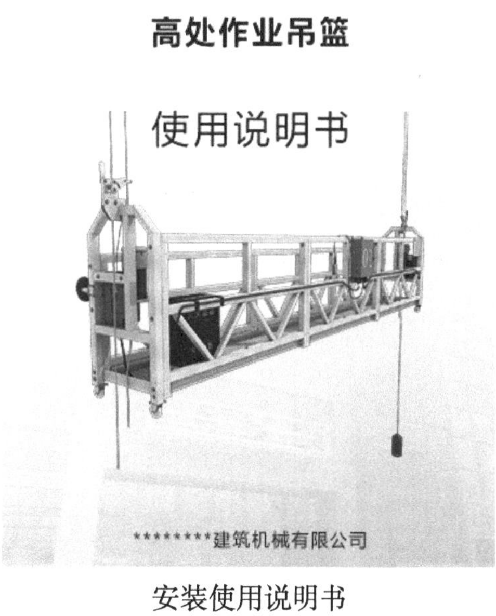

安装使用说明书

No: SJ-AJ130358

检 验 报 告

Test Report

产品名称: 高处作业吊篮
Product
型号规格: ZLP630
Model、Type
委托单位: _____
Client Department
检验类别: 委托检验
Test Type

山东省建设机械质量监督检测中心
Shandong provincial Centre for Quality Supervising and Test of construction Machinery

检验报告

市建设工程施工现场机械安装验收

合 格 证

机械类别	高处作业吊篮	型 号	ZLD630
施工工地		设备编号	04
合格证编号	BS-34-07004	发证日期	

发证单位: 建设机械检测中心第三分中心

安拆单位安装、调试吊篮后应自检

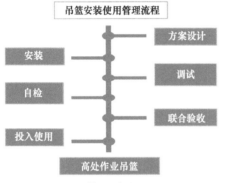

吊篮安装使用管理流程

方案设计

安装

调试

自检

联合验收

投入使用

高处作业吊篮

管理流程

安装验收

高处作业吊篮使用验收表

联合验收表

配电箱断电上锁，钥匙由专人管理

第8.2条	持证上岗，高空坠落、物体打击预防措施到位

　　安拆人员应持《建筑施工特种作业人员操作资格证书（高处作业吊篮安装拆卸工)》上岗。吊篮下方坠落半径内，必须设安全隔离区、拉警戒线。安拆吊篮悬挂机构时，作业人员距离屋面边缘应在2m以上或采取防坠落措施。吊篮悬挂机构和悬吊平台应编号，号码一致

审核特种作业人员证件

隔离区拉警戒线

总承包、专业分包安全教育

吊篮悬挂机构和悬吊平台号码一致

第8.3条	悬挂机构设置符合要求，配重防移措施到位，移动后二次验收

　　吊篮悬挂机构钢丝绳挂点间距应不小于悬吊平台吊点间距，其误差不应大于100mm。吊篮稳定力矩应不小于3倍的倾翻力矩；配重应有防止随意移动的措施，严禁使用破损的配重或其他替代物；使用时，严禁平行移动悬挂机构。吊篮移动后再次使用前，施工总承包、专业承包、监理、租赁（产权）、安拆单位应组织进行二次验收，验收合格方可投入使用

吊篮稳定力矩应不小于3倍的倾翻力矩

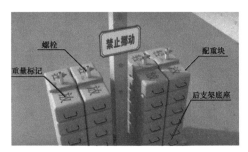

配重防挪移措施

移动后重新进行验收

禁止使用

第8.4条	安全装置灵敏有效，禁止将吊篮作为垂直运输工具

　　安全锁应在有效期内使用，有效标定期限不应大于1年，应定期对其有效性进行检查。吊篮应安装起升限位开关，限位开关及其限位碰块应固定可靠。应安装终端起升极限限位开关并正确定位，平台在到达工作钢丝绳极限位置之前应完全停止。不得将吊篮作为垂直运输工具。吊篮宜安装超载检测装置

安全锁有效标定期限不大于1年

起升限位开关

起升限位碰块

不得将吊篮作为垂直运输工具

第8.5条	钢丝绳、安全绳固定符合要求，一人一绳一锁扣

钢丝绳端头形式应为自紧楔形接头。安全大绳应使用锦纶安全绳，且必须固定在建筑物可靠位置上，安全绳与女儿墙之间应增加护垫。一条安全大绳、一个安全锁扣只能供一个人挂设。吊篮内人员应为2人

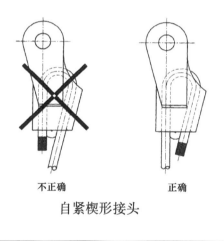

不正确　　　　正确

自紧楔形接头

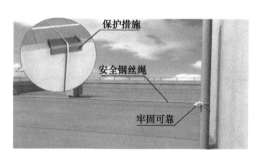

安全大绳及保护措施

安全大绳及保护措施

吊篮内人员应为2人，且一人一绳

第8.6条	非标准吊篮管理

吊篮悬挂机构的高度、前支臂外伸长度超出吊篮安装使用说明书范围的，以及采用卡钳、骑马架等结构形式的非标准吊篮，应有设计结构图、节点图和计算书，并应由原生产厂审核确认。安全锚固环或预埋螺栓，直径应不小于16mm。安装吊篮处主体结构承载能力应按吊篮作用载荷的3倍计算。起稳定作用的拉结钢丝绳的安全系数不应小于8。非标准吊篮安拆专项施工方案应组织专家论证，经施工总承包单位、专业承包单位、监理单位、建设单位审核、签字后方可实施

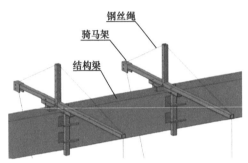

非标准吊篮的安装应有图纸
并经原生产厂家审核确认

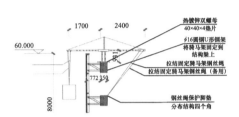

卡钳、骑马架等结构形式的非标准吊篮

安全锚固环或预埋螺栓

非标准吊篮的安装专项施工方案专家论证

第8.7条	正确使用劳动防护用品，人员从地面进出吊篮

吊篮内的作业人员应佩戴安全帽、系好安全带，并将安全锁扣正确挂置在独立设置的安全大绳上。吊篮作业应避免多层或立体交叉作业。作业人员不得跨出吊篮作业，应从地面或裙楼屋顶进出吊篮，不得从窗洞口上下吊篮。下班时不得将吊篮停留在半空中，应将吊篮下降至地面或裙楼屋顶并切断主电源后方可离开

安全防护用品

不得从窗洞口上下吊篮

应从地面或裙楼屋顶进出吊篮

安全带挂在独立设置的安全大绳上

第8.8条	减载使用、吊篮专人维修、恶劣天气禁止使用

当悬挂机构前支臂外伸长度超过 1.5m 时，必须按安装使用说明书要求减载使用。吊篮出现断绳、卡绳等故障，应由高处作业吊篮安装拆卸工维修。吊篮应设置靠墙缓冲装置和防急风应急装置。当施工遇到雨雪、大雾、风沙，以及吊篮工作处风速大于 8.3m/s 时，应将吊篮下降至地面或裙楼屋顶

前支臂外伸长度超过
1.5m 按照说明书减载

恶劣天气应将吊篮下降至
地面或裙楼屋顶

无防急风应急装置案例（一）

无防急风应急装置案例（二）

第8.9条	电焊作业符合要求

电焊作业时要对吊篮采取保护措施，不得将电焊机放在吊篮内，电焊机电源不得借用吊篮控制箱内电源，电焊电缆线不得与吊篮任何部位接触，电焊钳不得搭挂在吊篮上，严禁用吊篮做电焊接线回路。吊篮内应配置一组灭火器

违规将电焊机放在吊篮内

严禁利用吊篮钢丝绳作电焊机二次线

电焊钳不得搭挂在吊篮上

吊篮内应配置一组灭火器

第 8.10 条	班前检查
吊篮使用单位应编制班前检查项目表。非标准吊篮应根据经评审合格的专项施工方案，编制日常检查项目表。吊篮使用人员每天应进行班前检查，发现问题应及时向使用单位负责人、总承包安全管理人员报告	

班前检查吊篮平台

班前检查悬挂机构

班前检查吊篮

第**9**章
施工临时用电安全技术管理

第 9.1 条	施工临时用电总体规定

　　施工现场临时用电工程专用的电源，中性点直接接地的 220V/380V 三相四线制低压电力系统必须符合三级配电系统、TN–S 接零保护系统、二级漏电保护系统的规定

建筑施工现场

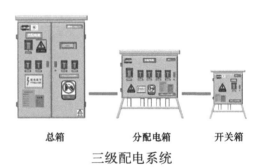

总箱　　　分配电箱　　　开关箱

三级配电系统

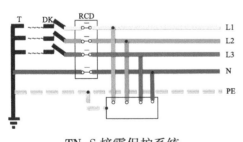

TN–S 接零保护系统

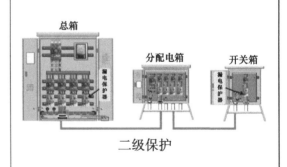

二级保护

第 9.2 条	施工临时用电安全管理

　　施工现场临时用电量超过 50kW 或用电设备超过 5 台的，必须编制临时用电施工组织设计。临时用电施工组织设计必须由电气工程技术人员组织编制，经相关部门审核及

具有法人资格企业的技术负责人批准后按图施工。临时用电工程施工完成后须经编制、审核、批准部门和使用单位共同验收合格后投入使用。临时用电设备和线路的安装、巡检、维修和拆除作业需由电工完成，并应有人监护，严禁设备带"缺陷"运转。电工必须持证上岗，持证类别对应所从事的岗位，其他用电人员必须通过安全教育培训和技术交底，考核合格后上岗。使用电气设备前必须穿戴和配备好相应的劳动防护用品。施工现场临时用电安全技术档案内容包括：临时用电施工组织设计；用电技术交底；用电工程检查验收表；电气设备试验、检验凭单和调试记录；接地电阻、绝缘电阻和漏电保护器、漏电动作参数测定记录表；定期检（复）查表

临时用电施工组织设计　　　　　　　　　　电工证

临时用电联合验收

安全教育培训

第9.3条	外电线路及电气设备防护

在建工程不得在外电架空线路正下方施工、搭设或堆放一切物体。

在建工程（含脚手架）的周边与外电架空线路的边线之间的最小安全操作距离应符合表9.3-1的规定。

在建工程（含脚手架）的周边与外电架空线路的边线之间的最小安全操作距离

表9.3-1

外电线路 电压等级（kV）	<1	1~10	35~110	220	330~500
最小安全 操作距离（m）	4.0	6.0	8.0	10	16

施工现场的机动车道与外电架空线路交叉时，架空线路的最低点与路面的最小垂直距离应符合表9.3-2的规定。

施工现场的机动车道与外电架空线路交叉时，架空线路的最低点与路面的最小垂直距离

表9.3-2

外电线路电压等级（kV）	<1	1~10	35
最小安全操作距离（m）	6.0	7.0	7.0

起重机严禁越过无防护设施的外电架空线路作业。在外电架空线路附近吊装时，起重机的任何部位或被吊物边缘在最大偏斜时与外电架空线路边线的最小安全距离应符合表9.3-3的规定。

起重机与外电架空线路边线的最小安全距离 表9.3-3

电压 （kV）	<1	10	35	110	220	330	500
沿垂直方向的 安全距离（m）	1.5	3.0	4.0	5.0	6.0	7.0	8.5
沿水平方向的 安全距离（m）	1.5	2.0	3.5	4.0	6.0	7.0	8.5

当达不到表9.3-1~表9.3-3要求时，必须采取绝缘隔离防护措施，并悬挂醒目警告标志。

防护设施与外电线路之间的安全距离不应小于表9.3-4所列数值。

防护设施与外电线路之前的最小安全距离 表9.3-4

外电线路 电压等级（kV）	≤10	35	110	220	330	500
最小安全 操作距离（m）	1.7	2.0	2.5	4.0	5.0	6.0

当表9.3-4规定的防护措施无法实现时,必须与有关部门协商,采取停电、迁移外电线路或改变工程位置等措施(搭设防护时必须停电)。

施工现场开挖沟槽与外电埋地电缆沟槽边缘之间的距离不得小于0.5m。电气设备设置场所应能避免物体打击和机械损伤,否则应做防护处置

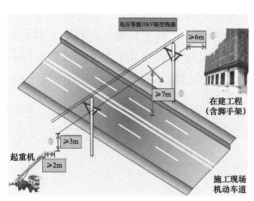

与外电架空线路防护安全距离

外电防护设施

开挖沟槽与外电埋地电缆距离

电气设备防护设置

第9.4条	接地与防雷

在施工现场专用变压器供电的TN-S接零保护系统中,电气设备的金属外壳必须与保护零线连接。通过总漏电保护器的工作零线与保护零线之间不得再做电气连接。当施工现场与外电线路共用同一供电系统时,电气设备的接地、接零保护应与原系统保护一致,不得一部分设备做保护接零,另一部分设备做保护接地。施工现场的临时用电电力系统严禁利用大地做相线或零线。PE线上严禁装设开关或熔断器,严禁通过工作电流,且严禁断线。城防、人防、隧道等潮湿或条件特别恶劣环境施工现场的电气设备必须采用保护接零。

　　TN 系统中的保护零线除必须在配电室或总配电箱处做重复接地外，还必须在配电系统的中间处和末端处做重复接地。严禁将单独敷设的工作零线再做重复接地。每一接地装置的接地线应采用 2 根及以上导体，在不同点与接地体做电气连接。垂直接地体宜采用角钢、钢管或光面圆钢，不得采用螺纹钢或铝材。移动式发电机供电的用电设备，其金属外壳或底座应与发电机电源的接地装置有可靠的电气连接。

　　机械设备或设施的防雷引下线可利用该设备或设施的金属结构体，但应保证电气连接。机械设备上的避雷针（防雷接闪器）长度应为 1～2m。施工现场内所有防雷装置的冲击接地电阻值不得大于 30Ω。防雷接地时，机械上的电气设备所连接的 PE 线必须同时做重复接地，同一台机械电气设备的重复接地和机械的防雷接地可共用同一接地体，但接地电阻应符合重复接地电阻值的要求

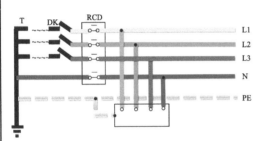

专用变压器供电的 TN-S 接零保护系统

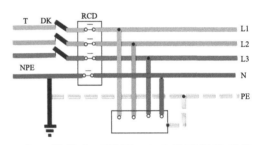

三相四线供电时局部 TN-S 接零保护系统

保护零线重复接地

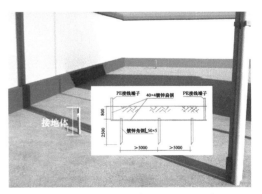

在不同点与接地体做电气连接

防雷装置

防雷接闪器设置

防雷接地

PE 线重复接地

第9.5条	配电室及自备电源

　　电柜正面的操作通道宽度，单列布置或双列背对背布置不小于 1.5m，双列面对面布置不小于 2m。配电柜后面的维护通道宽度，单列布置或双列面对面布置不小于 0.8m，双列背对背布置不小于 1.5m，个别地点有建筑物结构凸出的地方，则此点通道宽度可减少 0.2m。配电柜侧面的维护通道宽度不小于 1m，配电室的顶棚与地面的距离不低于 3m。配电室的建筑物和构筑物的耐火等级不低于 3 级，配电室的门向外开，并配锁，配电室的照明分别设置正常照明和事故照明。配电柜应装设电源隔离开关及短路、过载、漏电保护电器。电源隔离开关分断时应有明显可见分断点。配电柜或配电线路停电维修时，应挂接地线，并应悬挂"禁止合闸、有人工作"停电标志牌，停送电必须由专人负责。

　　发电机组的排烟管道必须伸出室外。发电机组及其控制室、配电室内必须配置可用于扑灭电气火灾的灭火器，严禁存放贮油桶，发电机组电源必须与外电线路电源联锁，严禁并列运行。发电机组并联运行时，必须装设同期装置，并在机组同步运行后再向负载供电。发电机组应采用电源中性点直接接地的三相四线制供电系统和独立设置的 TN–S 接零保护系统，其工作接地电阻值应符合第 9.4 条的要求

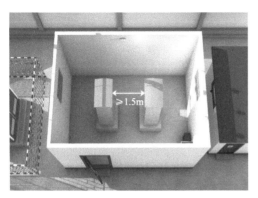

电柜单列布置或双列背对背布置
时的操作通道宽度

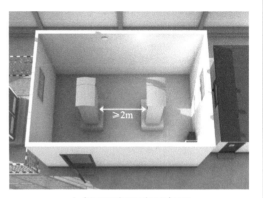

电柜双列面对面布置
时的操作通道宽度

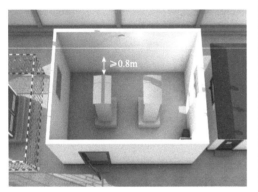

电柜单列布置或双列面对面
布置时的维护通道宽度

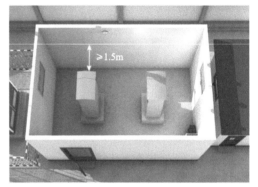

电柜双列背对背布置
时的维护通道宽度

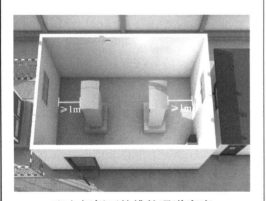

配电柜侧面的维护通道宽度

禁止合闸、有人工作

配电室耐火等级不低于 3 级

电源隔离开关透明可见断点

第9.6条	配电线路

　　架空线必须采用绝缘导线，且必须架设在专用电杆上，严禁架设在树木、脚手架及其他设施上。架空线路在一个档距内，每层导线的接头数不得超过该层导线条数的50%，且一条导线应只有一个接头。在跨越铁路、公路河流、电力线路档距内，架空线不得有接头。架空线路档距不得大于 35m，线间距不得小于 0.3m，靠近电杆的两导线的间距不得小于 0.5m，且必须有短路和过载保护。架空电缆应沿电杆、支架或墙壁敷设，并采用绝缘子固定，绑扎线必须采用绝缘线，沿墙壁敷设时最大弧垂距地不得小于2.0m。

　　电缆中必须包含全部工作芯线和用作保护零线或保护线的芯线。三相四线制配电的电缆线路必须采用五芯电缆，其必须包含淡蓝、绿/黄二种颜色绝缘芯线。淡蓝色芯线必须用作 N 线；绿/黄双色芯线必须用作 PE 线，严禁混用。

　　电缆线路应采用埋地或架空敷设，严禁沿地面明设，电缆直接埋地敷设的深度不应小于 0.7m，并应在电缆紧邻上、下、左、右侧均匀敷设不小于 50mm 厚的细砂，然后覆盖砖或混凝土板等硬质保护层。

　　室内配线必须采用绝缘导线或电缆，室内非埋地明敷主干线距地面高度不得小于2.5m

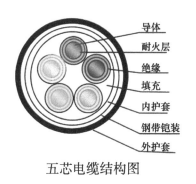

五芯电缆结构图

架空线路专用电杆

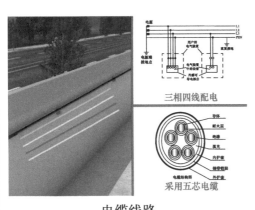

电缆线路

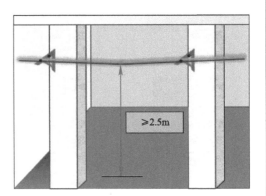

室内明敷主干线

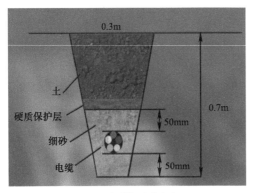

埋地电缆示意图

架空线沿墙壁敷设

第 9.7 条	配电箱及开关箱

分配电箱与开关箱的距离不得超过 30m，开关箱与其控制的固定式用电设备的水平距离不宜超过 3m。每台用电设备必须有各自专用的开关箱，严禁用同一个开关箱直接控制 2 台及 2 台以上用电设备（含插座）。动力配电箱与照明配电箱宜分别设置，当合并设置为同一配电箱时，动力和照明应分路配电，动力开关箱与照明开关箱必须分别设置。配电箱的电器安装板上必须设 PE 线端子板。PE 线端子板必须与金属电器安装板做电气连接。进出线中的 PE 线必须通过 PE 线端子板连接。配电箱、开关箱中导线的进、出线应采用橡皮护套电缆，不得有接头。

配电箱中装设电流互感器，其二次回路必须与保护零线有一个连接点，且严禁断开电路。开关箱中漏电保护器的额定漏电动作电流不应大于 30mA，额定漏电动作时间不应大于 0.1s。总配电箱中漏电保护器的额定漏电动作电流应大于 30mA，额定漏电动作时间应大于 0.1s，但其额定漏电动作电流与额定漏电动作时间的乘积不应大于 30mA·s。

配电箱、开关箱的电源进线端严禁采用插头和插座做活动连接

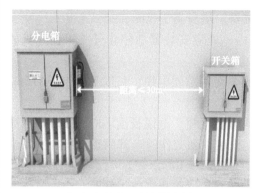

分配电箱与开关箱距离

开关箱与用电设备水平距离

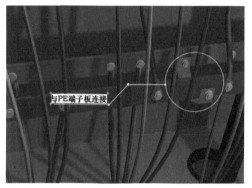

PE 线端子板与安装板连接

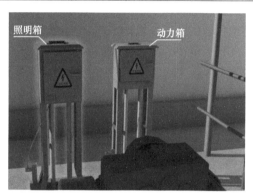

照明箱与动力箱分别设置

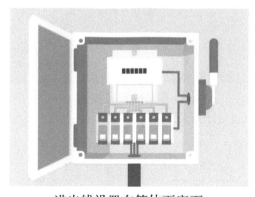

进出线设置在箱体下底面

开关箱配航空插头

第9.8条	建筑电动机械及手持式电动工具

　　选购的建筑电动机械、手持式电动工具及其用电安全装置符合相应的国家现行有关强制性标准规定。正、反向运转控制装置中的控制电器应采用接触器、继电器等自动控制电器，不得采用手动双向转换开关作为控制电器。

　　塔式起重机、外用电梯、滑升模板的金属操作平台及需要设置避雷装置的物料提升机，除应连接 PE 线外，还应做重复接地。轨道式塔式起重机电缆不得拖地行走。需夜间工作的塔式起重机，应设置正对工作面的投光灯。塔身高于 30m 的塔式起重机，应在塔顶和臂架端部设红色信号灯。外用电梯梯笼内、外应安装紧急停止开关，提升机的上、下极限位置应设置限位开关。

桩工机械潜水电机的负荷线应采用防水橡皮护套铜芯软电缆，长度不应小于 1.5m，且不得承受外力。

夯土机械扶手必须绝缘，使用过程应有专人调整电缆，电缆长度不应大于 50m。夯土机械 PE 线的连接点不得少于 2 处。多台夯土机械并列工作时，其间距不得小于 5m，前后工作间距不得小于 10m。

使用电焊机械焊接时必须穿戴防护用品。严禁露天冒雨从事电焊作业。交流弧焊机变压器的一次侧电源线长度不应大于 5m，其电源进线处必须设置防护罩。电焊机械的二次线应采用防水橡皮护套铜芯软电缆，电缆长度不应大于 30m，不得采用金属构件或结构钢筋代替二次线的地线。

手执电动工具，在潮湿场所和金属构架上操作时，必须选用Ⅱ类或由安全电压供电的Ⅲ类手持工电动工具，严禁使用Ⅰ类手持式电动工具。手持式电动工具的负荷线应采用耐气候型的橡皮护套铜芯软电缆，不得有接头

设备基础底座接地

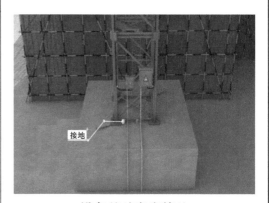

设备基础底座接地

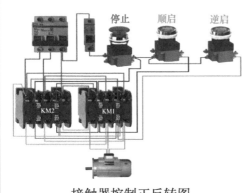

接触器控制正反转图

起重机械

桩工机械

夯土机械

电焊机笼

二次侧空载降压保护

电焊机

二次外侧
触电保护器

保护接零

一次线长度≤5m

二次线长度≤30m

电焊机

手持电动工具

第9.9条	照明

在坑、洞、井内作业、夜间施工或厂房、道路、仓库、办公室、食堂、宿舍、料具堆放场及自然采光差等场所，应设一般照明、局部照明或混合照明。在一个工作场所内，不得只设局部照明。停电后，操作人员需及时撤离施工现场，必须装设自备电源的应急照明。潮湿或特别潮湿场所，选用密闭型防水照明器或配有防水灯头的开启式照明器；有爆炸和火灾危险的场所，按危险场所等级选用防爆型照明器。

一般场所宜适用额定电压为220V的照明器。隧道、人防工程、高温、有导电灰尘、比较潮湿或灯具离地面高度低于2.5m等场所的照明，电源电压不应大于36V；潮湿和易触及带电体场所的照明，电源电压不得大于24V；特别潮湿场所、导电良好的地面、锅炉或金属容器内的照明，电源电压不得大于12V。照明变压器必须使用双绕组型安全隔离变压器，严禁使用自耦变压器。

室外220V灯具离地面距离不得低于3m，室内220V灯具离地面距离不得低于2.5m。普通灯具与易燃物的距离不宜小于300mm；聚光灯、碘钨灯等高热灯具与易燃物距离不宜小于500mm，且不得直接照射易燃物。达不到规定安全距离时，应采取隔热措施灯具的相线必须经开关控制，不得将相线直接引入灯具。夜间影响飞行或车辆通行的在建工程及机械设备，必须设置醒目的红色信号灯，其电源应设在施工现场总电源开关的前侧，并应设置外电线路停止供电时的应急自备电源

一般照明

局部照明

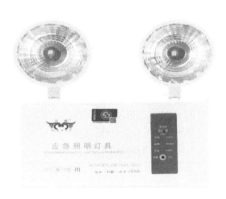

应急照明灯具

防爆照明灯具

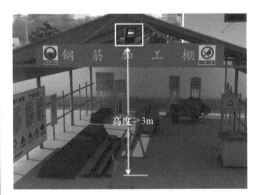

室外照明灯具高度

室内照明高度

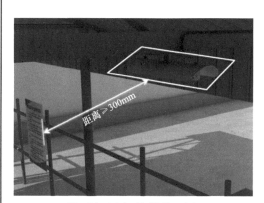

普通灯具与易燃物距离

路障警示灯

第 9.10 条	计量工具检验检测

　　现场必须配备符合现行《施工现场临时用电安全技术规范》JGJ 46 要求的测量仪表。计量仪表的检测必须按照国家规定的检测周期，及时送交当地权威计量部门进行定期校验。电工计量仪表必须有专人进行妥善保管。正确填写测量结果，保证检测记录的真实性

万用表

兆欧表

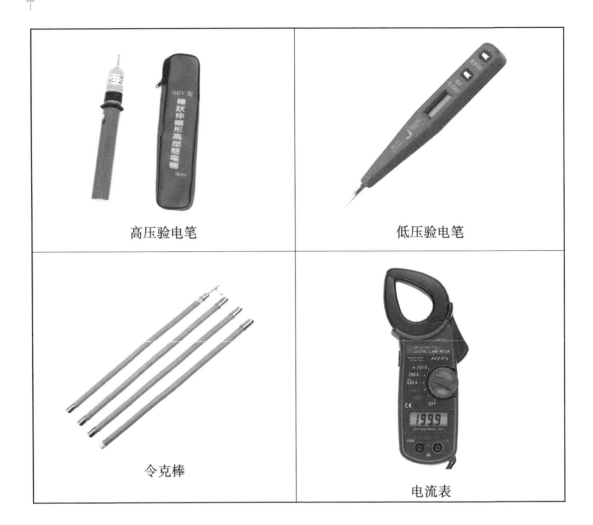

高压验电笔	低压验电笔
令克棒	电流表

第10章
建筑施工防火安全管理

第10.1条	明确各方消防管理责任

　　建设单位对施工消防安全负首要责任，建设单位应设安全负责人，并在墙上公示。建设单位每月应组织监理、施工单位进行不少于1次消防安全月检；监理单位对施工消防安全负监理责任，每周进行1次消防安全周检；施工总承包单位每日进行1次消防安全日检。施工总承包单位对施工消防安全负总责，分包单位在总承包单位的统一管理下，负责其施工区域或场所的消防安全

消防安全管理信息公示牌

建设单位组织消防安全月检

监理单位组织消防安全周检

施工单位组织消防安全日检

第 10.2 条	制定制度并组织培训，编制应急预案并开展演练

施工单位应制定防火安全管理制度、防火技术方案和灭火及应急疏散预案。进场时，防火安全管理员应向作业人员进行消防安全教育和培训。作业前，施工管理人员应向作业人员进行消防安全技术交底。施工单位应定期开展灭火及消防应急疏散演练

防火安全管理制度

一、安全主任负责易燃、易爆物品储存场所和运输经营部的消防管理联络工作。

二、公司所有员工应当熟悉存放的危险化学品的分类、性质及应急处理、业务知识和防火安全制度，掌握消防器材的性能、用途、操作和维护保养方法。

三、监督全厂的消防安全管理工作执行和落实。

（1）对新员工应进行消防安全知识的培训，经培训合格，方可上岗作业。

（2）进入危化品仓库内的车辆必须证件齐全，车况完好，安装防火罩。

（3）人员进出有安全管理制度。

（4）危化品仓库内和涂装作业场所电气设备的施工、安装、验收必须符合国家现行的有关电气设计标准和防火防爆等级。

（5）生产场所、仓库内有防火标志、安全警示标示牌；生产车间、仓库内禁止使用明火、吸烟，设备整改时，必须办理动火证，经厂房火负责人批准，并采取有效的、严格的安全措施。动火证要具有动火地点、时间、动火人、现场监护人、批准人和防火措施等内容。

（6）生产、储存现场必须设置、配备足够应急的消防设施和器材。

（7）消防器材有专人管理，消防器材设备维护、保养的计划，消防器材设置在明显、便于取用的位置，周围不准堆放物品和杂物。

（8）严禁在生产区、仓储区内吸烟、明火作业和携带火种入内。

（9）严禁用汽油等挥发性溶剂擦洗设备、零件等。

（10）生产车间、仓储区内的消防车通道、安全出口、疏散楼梯等消防通道，严禁堆放物品。

（11）定期进行紧急行动方案演习、防火检查等工作。

防火安全管理制度（一）

施工现场消防安全制度

为了确保施工现场防火安全，严禁火灾、火警及其苗头的发生，特制定此制度。

1、各施工现场严禁私自动火和使用电炉，如因生产或特殊原因需动火者，必须经公司保安后勤部批准，并取得动火证后，在指定地点有确保安全措施和监护人的情况下，方可使用。在动火完毕后，必须将火源熄灭。

2、严禁在工棚内抽倒床烟，乱扔烟头和生火以及使用电炉、私自安装家用电器。

3、严禁在工棚内私自搭电线和用大瓦灯泡。灯泡最大瓦数不得超过60W。严禁在电线上凉晒衣物。

4、严禁在工棚内私自搭设铺位住宿。

5、各施工现场电工全面负责现场线路安装，并负责经常对所在施工现场的电气线路设备进行安全检查，杜绝各种违章现象，确保安全。

6、按规定配备电器防火器材。

7、以上各项条款，请各施工现场人员互相监督，严格遵照执行。如有违反者，按照有关规定处理，如有失职者从严处罚。

防火安全管理制度（二）

滨州市北海新区商业街

施工现场防火技术方案

东莞市金冠建设工程有限公司

2011 年 6 月 15 日

为确保本项目工程安全生产，文明施工，顺利完成施工任务，依据《中华人民共和国消防条例》《建设工程施工现场消防安全技术规范》及其实[illegible]，和省、市消防管理有关规定，结合本项目工程施工现场实际情况，依照一预

现场防火技术方案（一）

施工现场防火

技术方案

工程名称：泰合·星耀城8号、9号楼

编 制 人：________职务（职称）：________

审 核 人：________职务（职称）：________

审 批 人：________职务（职称）：________

施工单位：河北世达建设集团有限公司

监理审批：________职务（职称）：________

监理单位：沧州渤海工程建设监理有限公司

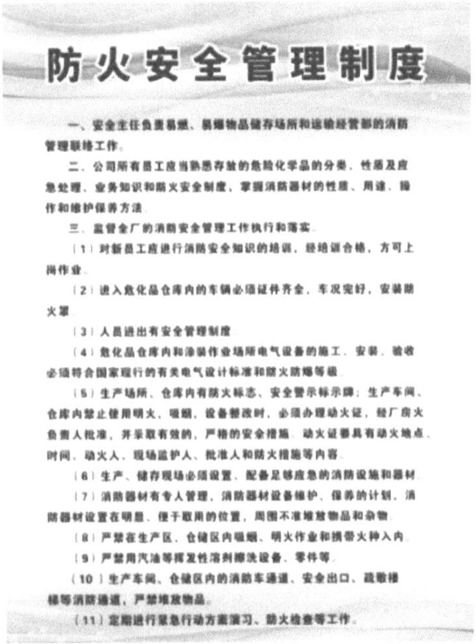

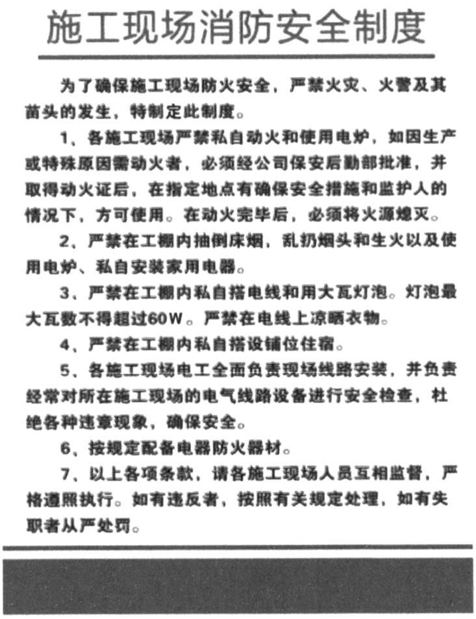

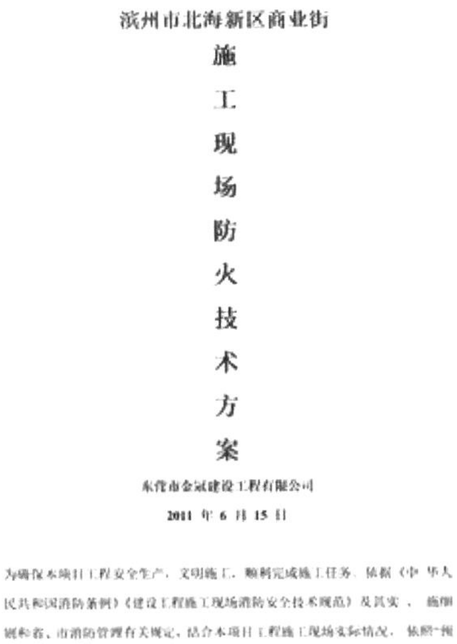

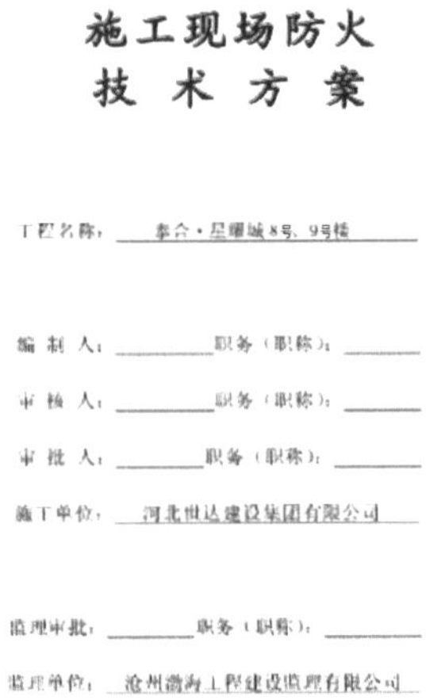

现场防火技术方案（二）

上饶高速公路沿线建筑设施第二合同段工程项目

施工现场消防安全
应急预案

编制人：＿＿＿＿＿＿
审核人：＿＿＿＿＿＿
批准人：＿＿＿＿＿＿

广西桂川建设集团有限公司
上饶高速公路沿线建筑设施第二合同段项目经理部
2016 年 3 月 1 日

施工现场消防安全应急疏散预案

消防应急疏散预案

为了及时灭火和疏散人员，避免造成人员的伤亡和财产的损失，特制定此预案。

一、组织结构：
（一）指挥部人员组成
　　总指挥：XXX　副总指挥：XX　成员：XXX\XXX等
（二）各组组成人员、负责人及职责
　1.灭火行动组由本店全体工作人员组成，职责：扑灭火灾和防止火势蔓延。
　2.组长职责：指挥、引导员工从消防安全通道疏散到安全地方避免拥挤挤伤。
　3.通讯联络组由组长和副组长组成，职责：联络本店所有人员抢险，并负责报警"119"，为火警指明具体位置和方位，在路口等候接应。
（三）指挥部应急程序和措施
　1.指挥部人员集合，指挥部成员接到通知后立即奔赴现场。
　2.调集全体人员控制火点消灭火灾，防止火势蔓延。
　3.下达疏导员工和其他人员的指令，根据现场情况，利用应急广播或手提喇叭通知，配合疏导组到现场疏导人员撤离现场。
　4.调集各部门人员抢险救灾，根据现场况及时报"119"。
（四）灭火组应急程序和措施
　1.全体成员要立即用灭火器、消火栓等设施投入扑救初期火灾。
　2.灭火区域相邻店面有关人员将易燃物品按统一指挥及时撤到安全地点防止火势蔓延。
　3.消防中控室根据火场情况和指挥部的指令进行启动相应的消防设施。
（五）救护应急程序和措施
　1.对受伤人员及时抢救。
　2.对受伤严重的要及时拨打"120"急救中心电话。
二、注意事项
　1.预案贯彻，本店员工及其他人员要认真学习本预案，熟悉各自的职责和任务。
　2.预案启动，在火警发生时，立即投入灭火，并根据具体情况逐级启动灭火、疏散预案，全力将火灾控制在初期阶段，如火灾难以控制，立即启动本预案。

消防应急疏散预案

消防安全教育培训

消防安全技术交底

定期开展灭火及应急疏散演练（一）

定期开展灭火及应急疏散演练（二）

第10.3条	生活区实施物业化管理

生活区应实施物业化管理，签订物业化管理合同，成立物业化管理机构，建立消防安全保证体系，制定物业化管理制度，配备专职物业化管理人员，落实防火安全管理职责

签订物业管理合同

设置物业管理办公室

实施物业化管理（一）

实施物业化管理（二）

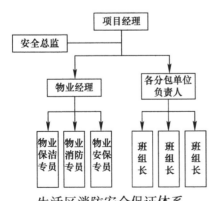

生活区消防安全保证体系

物业化管理制度

专职物业化管理人员（一）

专职物业化管理人员（二）

专职物业化管理人员（三）

专职物业化管理人员（四）

第10.4条	规范设置临时用房与消防车道

　　高压架空线下禁止施工作业及搭建临时用房和堆放易燃、可燃材料。临时用房的建筑构件的燃烧性能等级应为 A 级。临时用房层数不得超过 2 层，会议室等人员密集房间应设置在一层。食堂、厨房层数应为 1 层。施工现场内应设置环形临时消防车道，净宽度和净空高度均不应小于 4m，设置环形车道确有困难时，应在消防车道尽端设置尺寸不小于 12m×12m 的回车场，并设置不少于 2 个施工现场出入口

架空线下禁止施工（一）

架空线下禁止施工（二）

架空线下禁止建临时用房

架空线下禁止堆放易燃可燃材料

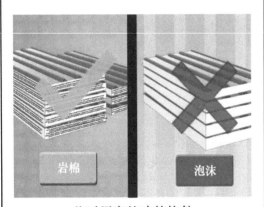

临时用房的建筑构件

临时用房不得超过 2 层

会议室等人员密集房间设在一层

食堂、厨房层数应为 1 层

厨房层数应为 1 层

食堂层数应为 1 层

环形临时消防车道

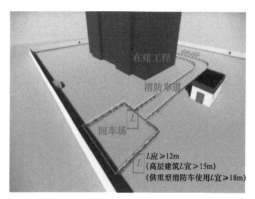

消防车道尽头设 12m×12m 回车场

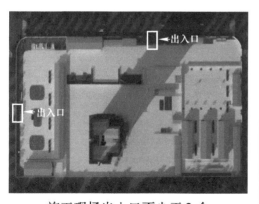

施工现场出入口不少于 2 个

—

第10.5条	生活区、办公区设置消防器材

生活区、办公区应按标准配备灭火器、设置消火栓。每间宿舍内应安装消防自动喷淋系统及烟感报警装置，或配备2具悬挂式球形干粉灭火器。二层临时用房应设逃生杆

生活区、办公区设置消火栓，配灭火器

宿舍内消防自动喷淋系统

宿舍内烟感报警装置

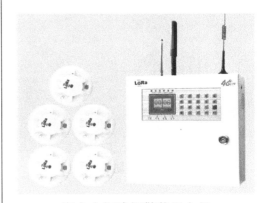

宿舍内烟感报警装置主机

配备2个悬挂式球形干粉灭火器

悬挂式球形干粉灭火器

二层临时用房应设逃生杆（一）	二层临时用房应设逃生杆（二）

第10.6条	规范临时用电管理

施工专用消防配电线路应从总断路器上端接入。楼梯间、电梯间、地下室等部位，必须设足够照明。生活区、办公区用电必须安装短路、过载、漏电保护装置，限时、限流供电。宿舍内应统一安装USB充电接口及36V照明，采用钢管穿线，严禁设置220V插座。生活区防暑降温、取暖等用电设施应统一布设，采用防爆插头直接与外部桥架上的电缆连接。超市、食堂及厨房操作间等需用强电的房间，必须与宿舍分开单设。生活区应单独设置电动工具充电室，室内设监控、充电柜和锁具。生活区、办公区应设电动车集中充电棚、停放棚，严禁在房间内充电

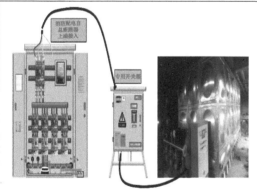

消防配电从总断路器上端接入	楼梯间照明

短路、过载、漏电保护装置，限时、限流供电	USB充电接口

空调统一布设

防爆插头与桥架直接连接

强电的房间与宿舍分开单设

电动工具充电室

电动车停放棚

电动车充电处

第10.7条	消防设施与主体结构同步设置

临时消防设施的设置与在建工程主体结构施工进度的差距不应超过3层。在建工程结构施工完毕的每层楼梯处应设置消防水枪、水带及软管,且每个设置点不应少于2套。消防给水系统应采取防冻措施

施工作业层消防箱

楼梯处设置消防箱，
水枪水带不少于 2 套

消防给水系统防冻措施

消防给水系统防冻措施

第 10.8 条	动火作业落实审批与消防措施

　　动火作业必须办理动火许可证，动火许可证的签发人收到动火申请后，必须前往现场查验并确认动火作业的防火措施落实后，方可签发动火许可证。动火作业应配备灭火器材，并专人监护。高空焊接作业必须设置接火盆，作业区正下方及周围 10m 范围内应清除可燃物，验收合格后方可作业

施工现场动火作业审批表		
工程名称：　　　　　　　施工单位：　　　　　　　编号：		
申请动火单位		动火班组
动火部位		动火作业种类 （明火、气焊、电焊）
动火作业 起止时间	由　年　月　日　时起 至　年　月　日　时止	
动火原因、防火的主要安全措施和配备的消防器材：		
申请人（签字）：　　　　　　　监护人员（签字）： 　　　　　　　　　　　　　　　　　　年　月　日		
审批意见：		
专（兼）职安全生产管理人员（签字）：　项目安全负责人（签字）： 　　　　　　　　　　　　　　　　　　年　月　日		

动火作业申请

动火作业配灭火器材，专人监护，
经现场核验后签发动火作业许可证

高空焊接作业设置接火盆

高空焊接正下方及周围 10m
范围内应清除可燃物

第 10.9 条	及时隐蔽或避免使用易燃可燃材料

　　防水材料及其可燃保护层施工完成后，应及时回填或封闭；脚手架应采用钢脚手板；安全密目网应阻燃；外墙保温施工时，未涂抹防护层的外保温材料高度严禁超过3层；严禁在塑料模壳上方或周围电焊作业

防水施工及时回填或封闭

钢脚手板

安全网在制作过程中添加阻燃材料，具有阻燃效果，符合国家标准。

正规检测合格证

安全密目网应阻燃

未涂抹防护层的外保温材料高度
严禁超过 3 层

塑料模壳上方或周围严禁电焊作业

—

第10.10条	可燃材料限量进场、规范码放

保温材料、防水卷材等可燃材料堆放区除配备手推式灭火器外，还应配备消火栓等消防设施。施工现场易燃建筑垃圾必须及时清理外运。可燃材料及易燃易爆危险品应按计划限量进场。进场后可燃材料宜存放于库房内，露天存放时，应分类成垛堆放，垛高不应超过2m，单垛体积不应超过50m³，垛与垛之间的最小间距不应小于2m，且应采用不燃或难燃材料覆盖，禁止存放于地下室、车库等密闭空间

可燃材料堆放区除配备手推式
灭火器外，还应配备消火栓

易燃建筑垃圾及时清理外运

可燃材料及易燃易爆物品存放于库房

材料分类成垛堆放

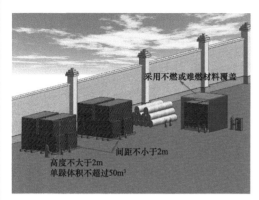

跺高不应超过 2m，单跺体积不应超过 50m³，跺与跺之间的最小间距不应小于 2m，且应采用不燃或难燃材料覆盖

禁止存放于地下室、车库